JN022713

とうじょう じんぶつ

松原 仁先生
東京大学で人工知能を
研究している先生

理系アレルギーの
文系サラリーマン（27歳）

1
時間目

世界に革新をおこす
ChatGPT

ChatGPT って何？

公開からわずか2か月で登録者数1億人をこえた，対話型AIサービス「ChatGPT」。これまでのAIと何がちがい，何ができるのでしょうか？　まずはChatGPTの基本を紹介しましょう。

第4次AIブームがはじまった

先生！　会社で同僚がChatGPTを使って，仕事の書類をつくったそうです。自分ではほとんど何もしなくてよかったって言ってました。

何かずるくないですか!?

私もChatGPTを使ってラクをしたいです！
そもそも，ChatGPTって何なんでしょうか？

ははは，そうですか。
ChatGPTはとても"優秀"で，さまざまな領域でChatGPT
が活用されはじめていますね。
ChatGPTについて簡単に説明すると，次のようなものと
いえるでしょう。

> **ChatGPT**とは人工知能の一種であり，**2022**年**11**月
> に**OpenAI**がリリースした言語モデル。大量の文章
> データを学習し，自然言語の生成や理解，文章の要約
> や翻訳などのタスクをおこなうことができる。人間の
> ように自然な文章を生成することができるため，会話
> や文章作成などの分野で幅広く活用されている。

ふむふむ。
会話ができる人工知能ってことですね。
先生，ありがとうございます。

ふふふ。
実はこの説明文は，私が作成したものではないんですよ。
これはChatGPTが書いたものな
んです！

ええっ !? マジですか！

はい，マジです。
ChatGPTには次のように指示しました。
「ChatGPTとは何か，専門用語を使わずにわかりやすく
150字で説明してください。ただし，次の言葉を入れて
ください。2022年11月，OpenAI」。
その結果，生成された文章が先ほどのものです[※1]。

ひょえー，ChatGPTってすごい！
ちなみに，指示にあったOpenAIって何ですか？

OpenAIとは，アメリカの実業家**イーロン・マスク
氏**や**サム・アルトマン氏，ピーター・ティール
氏**などの有名な起業家たちが2015年に設立したAI研究
企業です。
この企業がChatGPTを開発しました。
先ほどの文章には専門用語が残っている部分はあります
が，これを読むだけでも，ChatGPTが出力する文章が非
常に自然であることがわかりますよね。

はい，先生の説明かと思いましたよ。

今，ChatGPTの性能の高さは世界中で大きな話題にな
っています。

※1：これはChatGPTの無料版に用いられているGPT-3.5という言語モデルを使って
生成された文章です。ChatGPTは同じ質問をしても回答が毎回変わるため，こ
れと同じ文章が生成されるとはかぎりません。

過去に人工知能（AI）研究の大きな飛躍が3回あったことから，今回のChatGPTの登場によって，2023年から**第4次AIブーム**がはじまったと考える研究者も多くいるのです。

 ChatGPTは，ものすごいAIなんですね。
先生！　もっとくわしく知りたいです。

 では，あらためてやさしく説明しましょう。
ChatGPTとは，人の質問に対してAIが応答することでさまざまなタスクをこなす，**AIチャット（対話）サービス**の一種です。

 基本的には，人と対話するAIってことですか。

そうです。
ChatGPTは，インターネット上の**大量の文章データ**を学習しています。
私たちが普段使う言葉でChatGPTに指示するだけで，文章を使ってできることは基本的に何でもやってくれます。**文章の要約や翻訳，添削のほか，小説や詩の執筆，スピーチ原稿の作成，プログラミングなどですね。**

小説や詩の執筆まで……。
クリエイティブな領域でも活躍できるんですね。

そうです。

さらにChatGPTは専門知識において，**人間に匹敵する能力**をもちはじめています。

最新モデルのAI（GPT-4）を搭載したChatGPTにアメリカの司法試験の模擬試験を解かせたところ，上位10%という合格水準の成績をおさめているほどです。

えっ！

法律のむずかしい問題も解いちゃったんですか!?

はい。さらに日本の**医師国家試験**においても，GPT-4は2018年〜2022年の過去5年間の問題で，いずれも**合格水準を上まわった**といいます[※2]。

むむむ……。

それほど頭のよいAIなら，誰もが使いたがるんじゃないですか？

ええ。ChatGPTのユーザー数は，公開からわずか2か月後の2023年1月に**1億人**をこえ，人気のSNSサービスInstagramやTikTokよりも速い普及スピードとなっています。

すごい！

メールやweb検索，リモート会議など，現在の私たちの社会は今や**インターネット**がなければなりたちませんよね。

※2：J ungo Kasai, Yuhei Kasai, Keisuke Sakaguchi, Yutaro Yamada, Dragomir Radev, Evaluating GPT-4 and ChatGPT on Japanese Medi cal Li cens ing Examinations.. arXiv: 2303.18027

このインターネットと同じように，将来，ChatGPTのような対話AIも私たちの日常において**不可欠なツール**となるのかもしれません。

AIを当たり前に使う世界が，目前に迫ってきているのかもしれないんですね。

はい。
人間の指示に応じて，文章や画像，音楽，動画などを生成してくれるAIのことを**生成AI**といいます。ChatGPTは生成AIの一種です。
ChatGPT以降，生成AIの開発が急速に進んで，新しい技術が急速に生みだされています！
文章を作成してくれる生成AIのほかにも，高精細な**イラスト**を作成できる**画像生成AI**などが注目されていますね。

先生，ChatGPTや生成AIについて，もっと知りたいです！
そして，AIに仕事を任せてラクしたいです！

いいでしょう。ではこれから，ChatGPTや生成AIについて，そのしくみと使い方をくわしく見ていきましょう。

ChatGPTを生んだOpenAI

ChatGPTを開発したのは，アメリカのベンチャー企業OpenAIです。

ベンチャーとはいえ，約10億ドルという莫大な資金を投資し，世界中から一流のAI研究者をそろえたことで，設立当初から注目を集めていました。

OpenAIは，ChatGPTだけでなく，画像生成AIのさきがけとなったDALL・Eシリーズを開発した企業でもあります。

じゅ，10億ドルぅ～!?
ケタちがいの金額だ……。

このOpenAIの企業理念（mission）は，「全人類が汎用AIの恩恵を受けられるようにすること」です。

この理念は，OpenAIが非営利企業として設立されたことと関係しています。つまり，OpenAIは自社株主の利益のためではなく，汎用AIの技術を民主化し，人類に広く普及させることを目的として創設された企業なんです。

AIの普及を目的にしているんですね！
ところで，汎用AIって何ですか？　普通のAIとはちがうんでしょうか？

汎用AI（AGI：Artificial general intelligence）とは，**人間と同等かそれ以上の知能**をもち，人間に代わってさまざまなタスク（仕事）を汎用的にこなせるAIのことを指します。

人間と同等かそれ以上の知能……。
何だか，こわい感じがしますね。

たしかに，汎用AIが人間の知能をこえるようになると，社会への恩恵が大きい反面，悪影響も懸念されますし，特定の国や企業が自己の利益のために，汎用AIを独占的に使用するリスクもあります。

むむむ……。

そこで，当初は研究成果をすべて公開する方針をかかげていたOpenAIですが，2019年から方針を転換し，**研究成果は非公開**としました。
また**営利活動**を行う新しい部門（企業）である**OpenAI LP**を新設しました。
OpenAI LPは現在，マイクロソフトなどの投資を受けて研究活動を行っています。

インターネット上のデータでChatGPTは賢くなった

ChatGPTは，人の質問に対しAIが回答することで，さまざまなタスクをこなす**AIチャットサービス**であることはお話ししましたが，このサービスに使われているAI（言語モデル）を**GPT**といいます。

2018年にGPTの最初のモデルであるGPT-1が公開されて以降，GPT-2，GPT-3，GPT-3.5，GPT-4とバージョンアップを重ねてきました。

現在（2023年12月）公開されているChatGPTには，GPT-3.5とGPT-4が搭載されています。

進化を重ねてきたんですね。

そういうことです。

GPTはたくさんの文章を学習して，その言語能力を高めてきました。

2020年6月に公開されたGPT-3は，英語版のWikipediaやニュース記事などのインターネット上の膨大な文章を学習することで，約4000億単語に相当する人間に匹敵するほどの高い言語能力を獲得しています。

4000億単語！
インターネットのたくさんの情報を読んで，賢くなったわけか。

その通りです。
アメリカの大学生がGPT-3を使って作成したブログ記事が，「Hacker News」というニュースサイトで**1位**になるということがありました。
この記事は，約2週間でおよそ2万6000人に読まれたにもかかわらず，AIが書いたと疑った人はほとんどいなかったのです。

それほど，自然な文章で書かれていたんですね……。

ええ。
また，アメリカで人気の掲示板サイト「Reddit」では，GPT-3を搭載した対話AIがしょっちゅう投稿をくり返していたにもかかわらず，1週間以上もAIだと気づかれませんでした。

このように**GPT-3は，多くの人がAIだと気づけないほど，自然な文章を生成することができたのです。**
しかし，GPT-3には弱点がありました。

弱点？

GPT-3は大量の文章データを学習することで，人間と同じレベルの言語の基礎知識を習得したといえます。
ですがGPT-3は，質問に対して適切に回答できるようには訓練されていなかったのです。

いろいろ聞かれるとぼろが出ちゃうってことですか？

はい。人間の質問に対して，不自然な回答をしてしまうことがあったんです。
また，GPT-3が学習したインターネット上の文章には偏見や差別表現なども含まれているため，それらの表現を回答に入れてしまうこともありました。

なるほど，それはいけませんね。

そこで，質問に対する適切な回答の仕方を人間（開発者）が教えるという方法でつくられたのがChatGPTです。
つまり，ChatGPTの特徴は，GPTという高性能な言語モデルが搭載されていることに加え，ユーザーが使いやすいよう，人間がしっかり手を加えてつくりこんでいることにあるのです。

 これがChatGPTがこれほど広く普及した大きな理由の一つといえますね。

 人が手を加えたことで，自然で偏見の少ない回答ができるようになったんですね！

従来の対話AIとChatGPTは何がちがう?

 私,一人で寂しいときは,スマホの対話AIとよく話すん
ですよ。彼もなかなか賢いんです!
スマホの対話AIはChatGPTが登場するよりもずっと前
からいますよね。

 そうですね。
スマートフォンの対話AIやChatGPTのように,人間と
対話できるシステムのことを**チャットボット**といいま
す。
チャットボットはChatGPTが登場する前から広く使わ
れてきました。

アップルの Siri や Amazon の Alexa のほか，商品に関する顧客の質問やトラブルに対応するカスタマーサポートの窓口として利用されているものもあります。

 そういえば，私の住んでいる自治体のホームページにも，ゴミの捨て方をテキストで質問すると，AI が自動で答えてくれるサービスがありました。

実際に使ってみたら，ゴミの出し方をしっかり教えてくれましたよ！
単純な質問にしかちゃんと答えてくれませんでしたけど。

そうなんです！　従来のチャットボットとChatGPTの大きなちがいは，まさにそこにあります。
従来のチャットボットは，質問の文脈や意図を考慮して，回答を柔軟に生成することができなかったんです。

質問の文脈や意図？

はい。
まず，Siriなどよりももっと前のチャットボットの多くは，対話の目的や内容を，人間があらかじめ想定してルールやシナリオを描き，それに沿って応答するというものでした。
これを**ルールベース型**といいます。

でも質問って，千差万別ですよね？

その通りです。
ルールベース型のチャットボットは，ルールから逸脱した質問などには対応できず，質問者の意図をくみとることもできません。
そのため，融通が利かなかったり，見当ちがいの回答が返ってきたりすることが多く，実用性が低いという課題がありました。

ふぅむ，自由度の低いチャットボットだったんですね。

ええ。
しかし2015年ごろから，AIが大量の対話データを学習することで，相手の質問に合わせて適切な回答を生成できるようになりました。
このようなAIの学習を**機械学習**といいます。
これを契機に急速にチャットボットのサービスが増えました。SiriやAlexa，そして自治体のゴミ出しチャットボットも，機械学習のしくみをそなえたチャットボットだといえるでしょう。

ほぉ。人間が質問と答えを一つ一つ覚えさせるわけではないってことですか？

はい，そうです。AIが大量のデータから学ぶわけです。
しかし，これにも弱点があります。
従来の機械学習型のチャットボットの多くは，「ある質問に対してはこういう回答をすることが多い」という**大まかな傾向**にもとづいて，回答をつくっていました。
そのため，質問の文脈や意図を十分にくんだ回答にならないことが多くあったのです。

ふぅむ。
じゃあ，ChatGPTは？

ChatGPTには，Transformerという最先端技術が
取り入れられています。
**この技術によって，従来のチャットボットよりも飛躍的
に高い精度で言語処理を行うことができるようになり，
より適切な回答を行うことが可能になりました。**

とらんすふぉーまー？

**Transformerというのは，簡単にいうと，あたえられた
文章中の単語どうしの「意味的な関係性」を学習すること
ができるプログラムのことです。**
このTransformerによって，ChatGPTは長く複雑な文
章を適切に理解したり，生成したりできるようになりま
した。
Transformerや機械学習については，2時間目でくわし
くお話ししましょう。

AIをより賢くしたTransformerか……。
すごい技術なんですね！

31

社会に不可欠なツールとなりつつあるChatGPT

2022年11月にChatGPTが公開されてから，ChatGPTは社会のさまざまな場面で広く活用されるようになっています。

急速に普及しつつあるんですね。

はい。
まず，**企業や自治体の機関**などにおいて，業務にChatGPTが導入されるケースが増えています。
ChatGPTを開発したOpenAIは，2023年3月からGPTを企業や自治体でも使えるようにする機能（API連携）を提供しています。

GPTが企業や自治体で使えるようになったら，何ができるんですか？

企業や自治体は，GPTをもとにして，それぞれ独自の対話AIを開発できるようになります。
実際に日本でもパナソニックやライオン，日清食品などの企業が次々と**自社専用の対話AI**を開発し，社員に提供しています。

自社専用の対話AIを開発しなくても，普通のChatGPTを使えばいいような気がするんですけど……。

自社専用の対話AIをつくると，まず，**機密情報**がOpenAIによる学習を通じて外部に漏れることを防げます。

また社内の**規則**や**マニュアル**などのデータを独自に学習させることで，社内の業務に応じた回答を生成できるようになります。

なるほど。自社で対話AIを用意しておけば，いろいろなメリットがあるんですね。

ええ。

それからOpenAIは2023年8月28日，企業向けに改良されたChatGPTである**ChatGPT Enterprise**の提供を開始しました。

どのようなサービスなんですか？

このサービスでは，最新のAIであるGPT-4への高速アクセスや高度なデータ分析，API連携といったさまざまな機能が利用できます。

社内の機密情報が漏洩しないように**セキュリティ**も強化されているほか，社員のChatGPT利用状況を管理するための機能なども含まれています。

こうした企業向けのサービスを通じて，ChatGPTはいわば**AI秘書**として社員一人一人の業務をサポートしています。

 AI秘書！
AIを手放せなくなりそうですね。

 そうですね。
また，ChatGPT自身にもさまざまな機能が追加されています。
たとえば2023年9月25日には，ChatGPTの"目"というべき，画像認識の機能を発表しました。
この機能はGPT-4V（GPT-4 with vision）とよばれ，画像を入力すればその画像に何が写っているかを認識し，それに応じたさまざまなタスクを実行できます。

 どういう使い方ができるんでしょうか？

 たとえば**冷蔵庫の中の写真**を入力すると，そこに写っている具材から**食事の献立**を考案させることができます。

すげえ！

 また，"耳"や"口"というべき**音声認識**と**発話機能**も同時に追加されました。
これにより，ChatGPTと音声で対話できるようになりました。

 耳や口も！

 数年後には，仕事や家事，機器の操作などを，音声によってAIと対話しながら進めることがあたりまえになっているかもしれません。
なお，これらの機能は，2023年12月現在，ChatGPTの有料版「ChatGPT Plus」または「ChatGPT Enterprise」に登録する必要があります。

 SFのような世界が，すでに現実のものになりつつあるのですね。

生成AIの技術は，ChatGPTにより広く知られるように
なりました。
しかし実は，ChatGPTのような**文章生成AI**よりも，
一足先に注目を集めていた生成AIがあります。
それが，**画像生成AI**です。

画像生成AI？
頼めば画像を生成してくれるんですか？

ええ。
画像生成AIとは，「こんな絵を描いて」とテキスト（言葉）
で指示すると，それに応じた画像をつくりだしてくれる
AIのことです。

たとえば「マラソンをしている人」って指示したら，その
ように描いてくれるんでしょうか。

はい，それくらいなら，朝飯前でしょう。

うーん，じゃあ，**ラーメンを食べているアシカ**は？
さすがに現実でありえないシチュエーションですし，無
理ですよね。

いえいえ，そんな突拍子もない指示文を入力しても，実際にラーメンを食べているアシカの画像を生成してくれますよ。

ラーメンを食べるアシカ
（A sea lion eats ramen）
使用された画像生成AI：Stable Diffusion

そんなバカな！

 画像生成AIは，インターネット上の膨大な画像データを学習することで，さまざまな画像をいとも簡単に生成することができるんです。

 現実ではありえないような画像も生みだすことができるなんて，すっごいな。

 画像データを学習するAIといえば，2015年ごろから広く普及するようになった画像認識AIが有名ですね。
画像認識AIは，画像に写っている物や人を高い精度で認識するAIです。

私のスマホの写真管理アプリは，写真に誰が写っているのか，識別してくれますよ。
これは画像認識AIのおかげってことですよね？

ええ，そうですね。
これに対して画像生成AIは，これまで世の中に存在しなかった新しい画像を生成する技術です。
したがって，画像認識AIと画像生成AIでは，目的も用途も大きくことなります。

なるほど，新しく画像をつくれるのが画像生成AIってことですね。
いつごろから世界に広がりはじめたんでしょうか？

さきがけとなったのは，OpenAIが2021年1月に公開したDALL・Eです。
OpenAIはその約1年後の2022年4月に，DALL・Eよりもさらに性能を向上させたDALL・E2を公開しました。

DALL・Eって，最初のほうで少しお話に出てきましたよね。

はい。
ほかにもDALL・E2公開の直後の6月にはアメリカのベンチャー企業がMidjourneyを，8月にはイギリスのベンチャー企業がStable Diffusionを公開しました。

立てつづけに多くの画像生成AIが登場したんだ。

ええ。その中でもとくに注目を集めたのがStable Diffusionです。
この画像生成AIでは，AIなどのシステムをつくるために必要なプログラムや学習のデータセットを公開し，誰でも自由に開発に使えるようにしました。このように，情報を公開するやり方を**オープンソース**といいます。

みんなで仲良く開発しましょうってことか！

そうですね。これにより新しい画像生成AIサービスが次々と開発されるようになりました。その結果，画像生成AIは世界中に広く普及し，ますます注目を集めるようになったのです。
このことから，2022年は**画像生成AI元年**とよばれることもあります。
こうした経緯があって，生成AI技術が向上していったのです。

私もAIに画像をつくらせてみたいです！

2023年9月には，OpenAIが**DALL・E3**を公開しました。これは，**ChatGPT**に搭載され，ChatGPTに指示すれば，画像を生成することも可能になりました。

ただし，DALL・E3を使うには，有料版のChatGPTに登録する必要があります。

画像生成AIについては，3時間目でくわしくお話ししましょう。

世界に革新をおこす ChatGPT

ChatGPTを
使ってみよう

ChatGPTがどのようなものかを知るには，実際に使ってみることがいちばんの近道です。ここでは，ChatGPTを上手に活用するための方法をご紹介します。

ChatGPTの会話を見てみよう

 先生，ChatGPTとはどのような会話ができるんでしょうか？

 では，ChatGPTとの実際の会話を見てみましょう。
まずはChatGPTに **空が青い理由** をたずねてみます。

 空が青い理由？
AIがそんなむずかしい質問に答えることができるんですか!?

 ええ，質問を入力すれば，すぐさま回答してくれますよ。
次のやりとりが，ChatGPTとのものです。

人 空はなぜ青いのですか？

Chat GPT 空が青く見える理由は，大気中の分子が太陽光を散乱させる現象，とくにレイリー散乱とよばれる現象によるものです。

太陽光はさまざまな波長の光を含んでおり，それぞれことなる色をもっています。大気中では，波長の短い光，すなわち青い光がほかの色よりもより強く散乱されます。

レイリー散乱は波長に逆比例するため，青い光は赤い光よりも約4倍強く散乱されるのです。このため，私たちが空を見上げると青く見えるのです。

もちろん，太陽が沈むときや昇るときには，空の色が赤やオレンジに変わることもあります。これは，太陽光がより長い距離を大気中で進むため，青い光がさらに散乱され，赤やオレンジの光が目立つようになるからです。

 レイリー散乱についてもう少しくわしく，小学生でもわかるように説明してください。

Chat GPT もちろんです。レイリー散乱を小学生にもわかるように説明しましょう。

Chat GPT 太陽から地球に届く光は，実はたくさんの色が混ざっています。大気には空気のほかに，ちっちゃな粒子もたくさんあります。太陽光が地球に向かってきて，大気中のこれらの粒子にぶつかると，光はいろんな方向に散らばっていきます。これが「散乱」とよばれる現象です。

レイリー散乱は，光の色（波長）によって散乱のされ方がちがいます。青い光は波長が短く，ほかの色よりもたくさん散乱される性質があります。

だから，太陽の光が大気中の粒子にぶつかって散乱すると，青い光がいちばんたくさん散らばります。私たちが空を見上げると，青い光がいちばん目立っているので，空が青く見えるんです。

夕方には太陽が沈むとき，光が大気をより長い距離を進むので，青い光がさらに散乱されて，オレンジや赤い光が目立ちはじめます。だから夕焼けの空は赤く見えるんですね。

要するに，レイリー散乱は光が大気中の粒子にぶつかって色が散らばる現象で，青い光がいちばんたくさん散らばるので，空が青く見えるんです。

すごい！
「小学生でもわかるように」という指示にもちゃんと答えていますね。柔軟にこちらの要望に応じてくれるんだ！

そうですよ。
このようにChatGPTの最も基本的な使い方の一つは，「わからないことを質問する」というものです。
普段，私たちが使っている言葉（自然言語）で質問をすれば大丈夫です。

じゃあ，**今日の天気**なんかも，聞いたら教えてくれるんでしょうか？

いえ，今日の天気については無料版の ChatGPT は答えることができません。
無料で利用できる ChatGPT は，常にインターネットから情報を取得しているわけではないため，**2022年1月以降の情報は ChatGPT も知らないんですよ。**

そうなんですね。

はい。「今日の天気」といった情報を聞いても，ほかの天気サイトを参照してほしいといわれるだけです。
なお，有料版の ChatGPT ならインターネットから最新の情報の取得が可能です。

2022年1月までの情報しかなかったら，今日の天気はわかりようがないですね。
でも，それなら ChatGPT なんて使わずに，**ネット検索**のほうがよくないですか？

たしかに，たとえば「空はなぜ青いのか？」という疑問をもったとき，「**空　青い　理由**」などとインターネットで検索すると，さまざまなサイトが表示されます。

しかしこの場合，検索エンジンは答えを直接教えてくれるわけではなく，正しい答えが書かれていると予測されるサイトを表示してくれるだけです。

そうですね。

それに対し，ChatGPTに「空はなぜ青いのですか？」と質問すれば，先ほどのように回答を文章にして返してくれます。

また回答がわかりづらい場合には，「ここの文の意味がわからない」や「小学生でもわかるように」と指示することで，回答を柔軟に変更してくれます。

これは，従来の検索エンジンにはなかった特徴です。

そっか，そう聞くと単なるネット検索よりもChatGPTはかなり使えそうですね！

それから，ChatGPTは単に質問に回答するだけでなく，**文章の要約**や，**ディベートの練習**，**結婚式のスピーチ作成**など，非常に多彩な仕事をこなすことができます。

次のページに実際のChatGPTとのやりとりの例をいくつか紹介しました。

タスク化

タスク化とは，ざっくりとした大きな目標を達成するためにやるべきことを，小さな作業に分解することを指します。以下では，「よい文章を書く」ためのタスクをChatGPTに考えてもらいました。

 人 よい文章を書くための方法をタスク化してください。

 Chat GPT

1. テーマ決定
   a. 文章の目的を明確化
   b. ターゲット読者を特定
2. 下調べ
   a. 関連情報を調査
   b. 資料やデータを集める
   c. 専門家や関係者から意見を聞く（必要に応じて）
3. アウトライン作成
   a. 主要なポイントを洗いだす
   b. ポイント間のつながりを整理
   c. 適切な構成を決定
4. 原稿執筆
   a. シンプルで明瞭な言葉を使う
   b. 文章にリズムや調子をつける
   c. 引用や例を用いて説得力をもたせる
   d. 読みやすいパラグラフ構成を心がける
5. レビュー＆編集：
   a. 内容の整合性をチェック
   b. 文法や表現の誤りを修正
   c. くりかえし読み直し，適切なフィードバックを得る
6. 最終チェック：
   a. フォーマットやスタイルを確認
   b. 必要に応じて加筆修正
   c. 完成した文章を送信・公開

結婚式のスピーチの作成

ChatGPTに結婚式の友人代表のスピーチをつくってもらいました。やや不自然なところもありますが、下書きとしては十分でしょう。「私」や新婦について情報を提供すれば、それらもうまく盛りこんでくれることでしょう。

結婚式の友人代表のスピーチをつくってください。私は20代女性で、新婦の友人です。新婦は高校時代からの幼なじみです。新婦の好物はパエリアです。スピーチにはユーモアを交えて、冒頭300字程度を出力してください。

Chat GPT
皆様、こんにちは。本日はこの素晴らしい結婚式にお招きいただき、心から感謝しております。私は新婦の高校時代からの幼なじみで、20代女性の○○と申します。

新婦と私は高校時代からの親友で、数々の思い出がつまった日々をすごしました。新婦の好物はパエリアで、彼女がその美味しさに目を輝かせる姿は、まるで太陽が昇るような輝きを放っていました。

ところで、新婦はパエリアが大好きなだけでなく、彼女の人柄もまさにパエリアのようです。パエリアはいろいろな具材が入っていて、見た目も華やかで楽しい料理ですよね。新婦も、まわりの人を明るく元気にするエネルギーの塊のような人です。（中略）新郎様には新婦の「パエリア愛」にどんどんふれていただきたいと思います。そして、新婦がパエリアを食べるたびに、お二人のきずながさらに深まることを願っております。

アイデアの提出・検討

ChatGPTはアイデアを提案することもできます。以下では，ChatGPTに一般向け科学雑誌の編集者になりきってもらい，物理学に関する記事のアイデアを提出してもらいました。提出させるだけでなく，さまざまな立場をロールプレイさせながらChatGPT自身にみずからの案を批評させることもできます。ChatGPTが提案してくれた企画案の中で，皆さんが記事を読んでみたいと思ったものはありましたか？

人　あなたは，一般向け月刊科学雑誌の編集者です。次の号で掲載する記事の企画について，ブレインストーミングを行っています。物理学の分野の中で記事化できそうなテーマを10個提案してください。読者が読んだことのないような記事をつくることを意識してください。

Chat GPT
- 量子コンピューター：未来のコンピューティングを変革する
- タイムトラベル：理論と可能性を探求する物理学の旅
- ダークマターとダークエネルギー：宇宙のかくれた秘密を解き明かす
- ホログラフィック宇宙：現実は何次元で構成されているのか？
- 量子もつれとテレポーテーション：遠隔地での情報伝達の可能性
- グラビテーショナルウェーブ：宇宙の重力の波による音楽
- トポロジカル物質：奇妙な性質をもつ新素材の発見と応用
- 弦理論：究極の理論への挑戦と未来展望
- 理論物理学の最前線：アイデアが生みだす次世代技術

- ミニブラックホール：人工的に生成される可能性と研
究の進展

それぞれの案について，同僚の編集者になりきって一言
で批評してください。

- 量子コンピューター：未来志向で興味深いが，専門用
語に注意
- タイムトラベル：ファンタジックで魅力的，一般受け
も良さそう
- ダークマターとダークエネルギー：宇宙謎解きの醍醐味，
好評間違いなし
- ホログラフィック宇宙：独創的だが，概念説明がむず
かしそう
- 量子もつれとテレポーテーション：SF 要素強く，話題
性抜群
- グラビテーショナルウェーブ：美的要素含むが，興味
を引く表現が重要
- トポロジカル物質：応用性高いが，一般向けにどれだ
けわかりやすくできるか？
- 弦理論：大胆で壮大，物理学ファンにはたまらない内
容
- 理論物理学の最前線：新技術の紹介が鍵，読者へのイ
ンパクト大
- ミニブラックホール：刺激的だが，科学的根拠とバラ
ンスがむずかしいところ

ほぉ。
ChatGPT は単に質問に答えるだけではなくて、いろんな作業を任せることができるんですね。

ええ、そうです。
ChatGPT が従来の IT サービスと大きくことなるのは、機能があらかじめ決まっておらず、ユーザーの発想や工夫によって新しい機能が次々と開拓されるということです。
実際 SNS などでは「ChatGPT はこんなこともできる！」というユーザーによる新しい発見が日々報告されています。

ChatGPT は優秀ですね！

ええ。ただし、注意点もあります。
ChatGPT はまちがった情報を回答することがあるんです。
そのためユーザーは ChatGPT が提示する情報をうのみにするのではなく、複数の資料をあたるなどして、その内容が正しいかどうかをつねに確認する必要があります。

ChatGPT もまちがえることがあるんだ。そこは気をつけないと……。

先生，ふと思ったんですけど，ChatGPTどうしを会話させることってできるんですか？

 おもしろいですね。
試しに2台のChatGPTを使って，会話させてみましょう。

ChatGPT どうしの会話

ChatGPT どうしで会話をさせました。すると，2台のChatGPTはSF映画「インセプション」について会話をはじめました。

なお，会話中に，映画のストーリーや結末に言及した部分がありますので注意してください。

Chat GPT① こんにちは！　どのような話題で会話しましょうか？ 趣味や好きな映画，旅行先など，何でもいいですよ。 お話しすることが楽しみです！

Chat GPT② こんにちは！　それでは，映画について話しましょうか。

最近見た映画やお気に入りの映画はありますか？　私は，さまざまなジャンルの映画について知っていますので，お気に入りの映画についてお話しいただければ，それについてもっとくわしく語ることができます。

Chat GPT① 私はAIなので，映画を直接観ることはできませんが，たくさんの映画について知識があります。あなたのお気に入りの映画は何ですか？　その映画についてくわしく語りましょう。

Chat GPT② 私もAIですので，映画を直接観ることはできませんが，多くの映画についての知識をもっています。私の「お気に入り」というわけではありませんが，多くの人々に人気のある映画や名作について話すことができます。たとえば，クリストファー・ノーラン監督の「インセプション」は，2010年に公開されたサイエンスフィク

ション映画で，世界中で高い評価を受けました。この映画は，ドミニク・コブ（レオナルド・ディカプリオ）というプロの夢泥棒が主人公で，彼は他人の夢の中に入りこんで，アイデアを盗んだり，植えつけたりすることができます。

ある依頼を受けた彼は，ターゲットの心に新たなアイデアを植えつける，インセプションとよばれるむずかしいミッションにいどみます。「インセプション」は，緻密なストーリー展開や斬新なビジュアルエフェクト，登場人物たちの心理描写など，多くの要素が組み合わさっており，観客に深い印象をあたえる作品です。この映画に関してどんな質問があればお答えできますので，どうぞお気軽に聞いてください。

Chat GPT①

「インセプション」は，確かに素晴らしい映画であり，多くの人々に影響をあたえました。

この映画は，複雑なストーリーテリングや驚異的なビジュアルエフェクト，そして深いキャラクターの発展を通して観客の心をとらえることに成功しました。また，ハンス・ジマーによる壮大な音楽も映画の魅力を高めています。（中略）

「インセプション」に関する議論や質問があれば，どんなことでもお話ししましょう。

私たちAIどうしで，この映画についてどのように語ることができるかを見てみましょう。

Chat GPT②「インセプション」についての議論の一つは，映画の結末に関するものです。（中略）

この結末について，あなたはどのように考えますか？ そして，観客が映画の結末についてことなる解釈をもつことは，物語全体にどのような影響をあたえると思いますか？

また，「インセプション」の登場人物たちが直面する道徳的・倫理的な問題についても議論することができます。

たとえば，他人の夢に侵入してアイデアを盗んだり植えつけたりすることは，現実世界で行われることのない行為ですが，これが現実に可能になった場合，どのような倫理的問題が生じるでしょうか？ このようなテーマについて，あなたの意見や考えをお聞かせください。

Chat GPT①映画「インセプション」の結末については，私も確固たる答えをもっていません。しかしそれがクリストファー・ノーラン監督が意図したものだと考えられます。

この曖昧な結末は，観客が自分自身で解釈し，物語全体について考えるきっかけをあたえます。また，観客が映画の結末についてことなる解釈をもつことは，物語が長期間にわたって話題になり，人々の興味を引きつづける一因となります。

インセプションの登場人物たちが直面する道徳的・倫理的な問題は，非常に興味深い議論の題材です。

他人の夢に侵入してアイデアを盗んだり植えつけたりすることが現実に可能になった場合，プライバシーや知的財産権の侵害，人々の心理的安全に対する脅威など，さまざまな倫理的問題が生じるでしょう。

このような行為は，他人の意識に対する侵害とみなされ，強烈な議論を引きおこすことが予想されます。

また，夢の中でおこる出来事が現実世界での行動や意識に影響をあたえる可能性もあります。そのため，夢の中で他人に悪影響を及ぼす行為を行うことは，現実世界でも問題があると見なされるかもしれません。

一方で，夢の中での行為は現実世界での行為とはことなるため，道徳的・倫理的な基準がどのように適用されるかについても議論が必要となります。

うわっ！　ちゃんと会話になってる！

 2台のChatGPTは，SF映画「インセプション」について会話をはじめましたね。

 でも，ChatGPTって実際にインセプションを観たことはないんですよね。

 はい。この会話は，インターネット上の情報をもとに学習をした結果です。
映画のラストシーンの解釈や映画がもつテーマについて，まるで本当に映画を観たかのように話し合っていますね。

 こんなこともできるなんて，すごいなぁ。

うまく使いこなすには，質問のしかたが大事

 先生，私，ChatGPTを実際に使ってみたいです！

 では，実際に使ってみましょう。
ChatGPTは，OpenAIのChatGPTのサイト（https://chat.openai.com）にブラウザからアクセスするか，OpenAIが提供するアプリ（iOS版・Android版）をダウンロードすることで利用できます。

 念のために確認ですが，無料なんですよね。

 どちらもメールアドレスなどを登録すれば，**基本的には無料**で利用できますよ。
ただし，2023年12月現在，無料で誰でも使えるのは，GPT-3.5です。最新版のGPT-4を使うには，**有料会員**に登録する必要があります。
また無料版では，2022年1月以降の情報は学習していません。

 とりあえず無料で大丈夫です！
webブラウザからサイトにアクセスしてみます。
……って，このサイト，**英語ですよ!?**

 表示は英語ですが，日本語で質問を入力すれば日本語で返答してくれますよ。
次の流れで登録を完了し，メイン画面を表示させましょう。

1, openAI のホームページにアクセスする
（https://chat.openai.com）

ChatGPT●

Help me pick
an outfit that will look good on
camera

Get started

Log in   Sign up

◎ OpenAI

2, アカウント作成画面で、メールアドレス
とパスワードを登録する

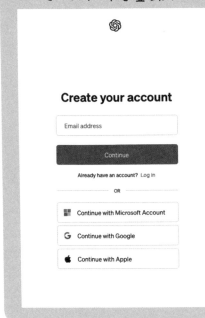

Create your account

Email address

Continue

Already have an account? Log in

OR

⊞ Continue with Microsoft Account

G Continue with Google

 Continue with Apple

まず最初に、openAI の ChatGPT の
サイトにアクセスしましょう。「Try
ChatGPT」をクリックして、メールア
ドレスとパスワードを登録します。
メールが送られてくるので、認証
して名前や電話番号を登録す
ると、右ページのようなメイン画面
が出てきます。また、iPhone ユーザ
ーであれば、ChatGPT のアプリを活
用できます。

3, ChatGPTのメイン画面

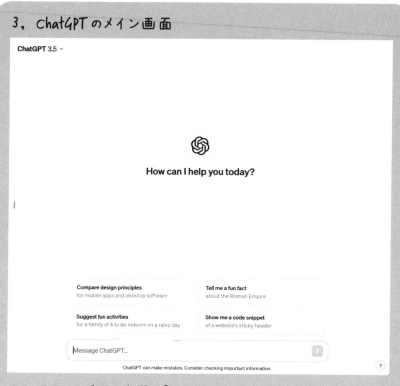

メイン画面の一番下の空欄の「Message ChatGPT...」と書かれている窓に日本語を直接入力します。入力したら、エンターキーを押せばChatGPTが、あなたの質問に回答してくれます。改行したい場合は、「Shiftキー＋エンターキー」で行いましょう。質問は完璧な文章でなくてもChatGPTが予測して回答してくれます。

できました！

 メイン画面の一番下の空欄の「Message ChatGPT...」
と書かれている窓に日本語を直接入力します。
ここに入力する質問文や命令文を，**プロンプト**といい
ます。
テキストを入力して，エンターキーを押せばChatGPT
があなたの質問に回答してくれますよ。

 おぉ〜！ これでもう使えるんですね！
私もChatGPTに仕事を手伝ってもらいたいのですが，ど
うすれば意のままに使いこなすことができるんでしょう
か？

 **ChatGPTをうまく使いこなすためのひけつは，まず第
一に「指示をするとき，回答の条件を細かく決める」とい
うことです。**

 条件を細かく決める!?

ポイント！

ChatGPTから思い通りの回答をもらうには，質
問文や命令文で回答の条件を細かく決めるこ
とが重要。

たとえば，これから作成する文章は誰が執筆して，どのような人が読んで，どのような効果を期待しているのか？その得たい効果に対して，どのようなポイントがあるのかなど，くわしい**制約条件**を入れるということです。

うーん，あまり想像がつかないです……。

たとえば，「小売り店で，新規顧客を集め，売り上げを上げるためにブログを書きたいが，文章を書いてほしい」などです。命令文に細かな条件を設けることで，こちらのイメージしたテキストに近づけることができます。

なるほど。結局，人間が出す指示が重要ってことか。

ChatGPT で企画書をつくってみよう

先生！
仕事の書類を ChatGPT につくってもらいたいです！
どうすればいいですか？

では，実際に ChatGPT に企画書をつくってもらいましょう。
ポイントは，プロンプト（指示）の「条件を細かく絞る」ことです。
たとえば，「人間の脳と ChatGPT に関する書籍の企画書を書いてほしい」と依頼するとしましょう。
そのときは，次のような条件をつくります。

・企画書は章立ても考えてください。
・対象読者は30代から40代の男性です。
・AI で話題になっているキーワードを取りこんでください。
・文章は簡潔に。

あれ？　これって，私たちが仕事先のプレゼン用の企画書を考えるときに意識していることに似てますね。

そうですね。基本的には同じといえるかもしれません。
このような条件で作成してもらったのが，次の企画書です。

タイトル：「脳と ChatGPT：未来の知性の探究」

企画書：
第 1 章：脳の神秘と AI の進化
人間の脳のしくみや機能について解説し，AI の進化と
成長についてもふれる。自然言語処理，深層学習など
のキーワードをとり入れ，両者の関係をひもとく。

第 2 章：AI の新たな可能性
ChatGPT などの AI 技術の進化と現在の話題に焦点を
あてる。AI が医療，ビジネス，芸術などの分野で果た
している役割を紹介する。

第 3 章：人間と AI の共生社会
人間と AI がともに生きる未来を考察する。AI が仕事
や日常生活をサポートする中で，人間の脳がどのよう
に進化していくのかを探る。

第 4 章：AI の限界と倫理的問題
AI の成長と利用に伴う倫理的課題やリスクについて議
論する。脳と AI の連携が進む中で，どのような問題が
浮上してくるのかを考える。

おぉ〜，完璧！

 もし気に入らなければ，Regenerate（再出力）をクリックすると，少し視点を変えた新しい企画書をつくってくれます。
また，そこで出てきたキーワードをさらに深掘りして企画書をつくってもらうというのもよいでしょう。

 「この企画書，書き直し！」っていうことか。私も上司によく言われてヘコみますよ。でもChatGPTは，ヘコまないんでしょうね。

 ははは，確かにそうですね。
また，もちろん文章をつくってもらうことも可能です。主張を裏づける数値などを条件で指定すれば，その数値も入れてくれます。

 なかなか筆が進まない企画書でもChatGPTに依頼すれば，すぐにつくってくれそう。これは便利ですね！

思い通りの答えをもらうための三つの柱

ChatGPTをうまく活用するには指示のしかたが大事ということでしたけど，どうやって指示をつくればいいか，具体的な方法を教えてください。

ChatGPTへの質問文や命令文を，プロンプトとよぶことは先ほどお話ししましたね。
思い通りの回答をもらうためには，プロンプトに次の三つの情報を盛りこむことを意識するとよいでしょう。

プロンプトをつくる三つのポイント
　背景情報
　条件情報
　オープン・クローズド情報

まず第1のポイントは**背景情報**です。

背景情報って何ですか？

背景情報とは，たとえば「私は営業マンで，新しいセールスの手法を探しています」というような情報です。

プロンプトに必要な背景情報や文脈を提供することで，より具体的な回答を得ることができます。

なるほど。どういう状況の人が，どのような情報を要求しているのかを明確にしたほうがよいのですね。

はい。
第2のポイントは**条件情報**です。
これはすでに説明したように，どのような回答を求めるのかという条件をつけることです。
たとえば，「30代のビジネスマン向けに健康食品を売りたい。彼らが最も引きつけられる営業手法」などです。

ふむふむ。

そして第3のポイントは**オープン・クローズド情報**です。たとえば，アイデアをたくさん出してほしいのであれば，オープンな質問をChatGPTに投げかけましょう。

おーぷんな質問？

オープンな質問とは，「はい」と「いいえ」で答えることはできない質問です。
とはいえ，より的確な答えを得たいのであれば，「怒りの感情を0から10であらわして」や，「AとBの二つの選択肢から選んでほしい」などのプロンプトを考えましょう。それでも思い通りの答えがもらえない場合は，次のような情報を盛りこむことも考えましょう。

思い通りの答えをもらうためのプロンプトの考え方

目的を伝える
学術論文の要約や結婚式のスピーチ作成など，あなたがChatGPTを利用して何を解決したいのかをできるだけ具体的に伝えましょう。

役を指定する
「あなたは英語のプロ講師です」や「あなたは優秀なライターです」というように何らかの役（ロール）を指定すれば，その役になりきって回答してくれます。

出力形式を指定する
文字数や「箇条書きで二つ」など，生成する文章の出力形式を具体的に指示します。出力形式によって回答の内容は大きくことなるため，これは必ず指定しておいたほうがよいでしょう。

回答内容のレベルを指定する
「専門用語を使わずに」や「中学生でもわかるように」というように，回答内容のレベルを指定します。また，「私は中学生です」というように，自分の立場を伝えるという方法もあります。

英語で入力する

ChatGPT の学習データの多くは英語の文章であるため，英語で質問したほうが回答の精度が向上することがあります。英文は ChatGPT につくってもらいましょう。

回答例をあたえる

あなたが理想とする回答の例を質問文に入力すると，それに合わせて回答を生成してくれます。また，その回答例のどの特徴を真似してほしいかを指示してあげると，回答の精度がさらに向上する可能性もあります。

 なるほど，これを活用すれば，ほしい回答が得られそう！プロンプトはいろいろと工夫のしようがあるんですね。

ChatGPTの機能を拡張しよう

 ChatGPTは便利ですが，単体ではできないこともたくさんあります。
たとえば，**最新の情報**について回答することができません。

 ChatGPTはネットの情報をリアルタイムで得ているわけではないんですよね。

 ええ。無料版のChatGPTは，2022年1月までに学習したデータを使って，回答を生成します。そのため，それ以降におきた最新の出来事については回答できないのです。
そこで，ChatGPTの機能を拡張するための二つの新しい機能が，2023年5月12日から試験的に導入されました。これらは，有料版のChatGPT Plusに登録することで利用できます。
その一つがweb browsing（ウェブブラウジング）という機能です。

 どういう機能なんですか？

 ウェブブラウジングを使えば，インターネットの情報を参照できるようになり，ChatGPTは最新の情報についても回答できるようになります。

たとえば，ChatGPTのプロンプトで当日の天気や2023年におきた出来事について質問しても，インターネット上のさまざまな情報を検索して，回答を生成してくれるのです。

それはいいですね！

そして，もう一つの拡張機能は**プラグイン**というものです。
これがあればいろいろな企業が開発したサービスとChatGPTを連携させることができます。公開時には70以上のサービスが登録されていましたが，現在はさらに増えつづけているんですよ。

ふむふむ。どんなサービスがあるんですか？

たとえば数式処理を行うWolfram AlphaというプログラムをChatGPT上で利用できるようにするプラグインがあります。これを用いると，**高度な数学的処理**を行わせることが可能になります。
このプラグインを導入したChatGPTに**メビウスの帯の数式**を教えてもらいましょう。

メビウスの帯をあらわす方程式を教えてください。

 メビウスの帯は，3次元空間内でのパラメトリック
表現を通じて数学的に表現することができます。以
下にそのパラメトリック方程式を示します：

$$x\,(u,v) \;=\; (1+\tfrac{v}{2}\cos\,(\tfrac{u}{2}))\,\cos\,(u)$$
$$y\,(u,v) \;=\; (1+\tfrac{v}{2}\cos\,(\tfrac{u}{2}))\,\sin\,(u)$$
$$z\,(u,v) \;=\; \tfrac{v}{2}\sin\,(\tfrac{u}{2})$$

ここで，u は $[0,\ 2\pi]$ の範囲を動き，v は $[\text{-}1, 1]$
の範囲を動きます。これらの方程式は，メビウスの
帯の一つの面を表現します。

 では，その方程式であらわされるメビウスの帯の3
次元プロットを描いてください。

 以下に，上記のパラメトリック方程式であらわされ
るメビウスの帯の3次元プロットを示します：

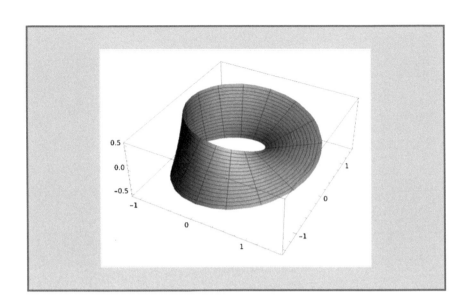

すごいや！
でも，高度すぎて私が使うことはないかな……。

ほかには，YouTube の動画の文字起こしと要約を ChatGPT に表示させるものなどもあります。
また，日本企業が提供するサービスと連携するプラグインもあるんですよ。たとえば，**食べログ**です。

ChatGPTと食べログが連携すると，何ができるんでしょうか？

ChatGPTに「明日の19時に4人で入れる渋谷の焼肉屋さんを教えてください」と質問すると，食べログのサービスと連携して，**おすすめの店を写真つき**で紹介してくれます。

おー，便利そう！

そのほかにも，航空券やホテルの検索，日本国内の物件の検索，ChatGPTで生成した文章を自動でメールやSNSに転送してくれる機能など，さまざまな種類のプラグインが登場しています。

プラグインを使うことで，ChatGPTの活躍の場が一気に広がりそうですね。

そうですね。
プラグイン技術の活用によって，ChatGPTという一つの窓口から，さまざまなサービスに簡単に接続できるようになり，世の中にあるさまざまな情報との連携が進むでしょう。

スマホの中でChatGPTが動いているわけではない

PCやスマホで，簡単にChatGPTを使えるなんて，便利ですね！　私のもっている古いスマホにこんなポテンシャルがあったとは。

たしかにPCやスマホを通してChatGPTを利用することはできますが，PCやスマホの中で，ChatGPTが文章を読解したり回答を生成したりしているわけではないんですよ。
これらのwebサイトやアプリはChatGPTを使うための窓口，**インターフェース**になっているにすぎないのです。

えっ!?
ChatGPTのプログラムみたいなものが私のスマホやPCに入って，そこで回答がつくられているわけではないんですか？

ええ，ちがいます。
ChatGPTのようなAIを動作させるには，ものすごく計算性能が高くメモリ容量も大きな処理装置，**GPU**が必要です。
そのため，家庭用のPCやスマートフォンでChatGPTを動かすことは，とうていできないのです。

私のスマホの中にChatGPTはいないわけですね……。
じゃあ，ChatGPTは，どこにいるんですか!?

ChatGPTのシステムは，マイクロソフト社が一般向けに
提供しているクラウドコンピューティングサービス（高性
能のコンピューターをインターネット経由で利用できる
サービス）であるMicrosoft Azureの中で動作して
います。

**ただし，Microsoft Azureのサーバーは世界31か国の
データセンターに設置されており，ChatGPTがどこで
実際に動いているのかは公表されていません。**

公表されていないのかぁ……。
きっとどこか遠くにいるんですね。
それがどうやって私の指示に応えてくれているんでしょうか？

ChatGPTの利用者がwebサイトやアプリからChatGPTにプロンプトを入力すると，クラウドサービス上のサーバーコンピューターに送られます。
そして，サーバー上で動作しているAI，**GPT言語モデル**にプロンプトが入力され，回答文が出力されます。
そして回答文はふたたび**クラウドサービス**を介して利用者のwebサイトまたはアプリ上に表示されます。
これが，皆さんがChatGPTを使うときにおきていることです。

なるほど。私の指示はどこか遠くのサーバーへ送られて，そこから回答文が戻ってきているんですね！
プロンプトを打ちこんでから一瞬の間にそんなやりとりがあるなんて，おどろきです。

ChatGPTは質問50個に回答するごとに500mlの水を飲む

ChatGPTも，はたらいたら水を"飲む"って，ご存じでしたか？

いやいやいや！

人間並みの言語機能をもっているといったって，いくらなんでもそれはないでしょう。

たしかに，飲むというのは比喩ではありますが。
先ほど説明したように，GPTのようなAIは非常に大きな
計算能力を必要とします。

そのため，大規模なコンピューター施設が必要になるというお話はしましたよね。

そこに世界中からのプロンプトが集まって，処理するんですよね。

そうです。
さらに，ChatGPTがはたらくには大規模な施設だけでなく，さまざまな資源も大量に必要とします。
たとえば，2020年にOpenAIが言語モデルGPT-3の学習を行った際には，1万個のGPU（画像処理やAIモデルの演算に特化した処理装置）を使って計算が行われました。
このときに使われた電力量は1287メガワット時[1]にものぼるそうです。

それって多いんですか？

はい，これは日本の平均的な家庭が1年に消費する電力量の約300世帯分にあたります[2]。
この電力を発電するためには，二酸化炭素552トンに相当する温室効果ガスが排出されたと推定されています。

どっひゃー！
ものすごい消費電力！

※1：The Carbon Footprint of Machine Learning Training Will Plateau, Then Shrink, Patterson et al.（2022），https://doi.org/10.48550/arXiv.2204.05149
※2：メガは100万。1世帯が1年間で消費する電気を4258キロワット時として計算（参考：https://www.env.go.jp/earth/ondanka/kateico2tokei/html/energy/detail/01/）

消費されるのは電力だけではありません。大規模な計算によってGPUから**大量の熱**が出るため，これを冷却する**真水**も大量に使われます。

水ですか……。

はい。
クラウドサービスのサーバーコンピューターが置かれているデータセンターでは，コンピューターからの排熱であたたまった室内の空気を**エアコンで冷却**しています。
家庭用のエアコンでは，**冷媒**とよばれるガスが室内の熱を室外機に送り，外に熱を捨てます。
しかし，データセンターのような巨大施設の冷房システムでは，冷媒が取りこんだ熱は屋上などに置かれた**冷却塔**に運ばれ，その中の**循環水**に熱を渡します。このときに循環水の一部が蒸発したり，汚れた循環水を定期的に交換したりすることで，水が失われます。

ふむふむ。

また，データセンターで電力を使えば，発電所でも水が失われます。原子力発電所や火力発電所では，タービンを回した蒸気の熱を捨てるために冷却塔が使われているからです。

どれくらいの水が消費されるんでしょうか？

アメリカ，カリフォルニア大学リバーサイド校などの研究チームは，GPT-3の学習時には**約70万リットルの真水**が消費されたと推定しています。
また同チームは，現在ChatGPTが質問への回答を20〜50個生成するごとに，500ミリリットルの真水が失われていると計算しています[3]。

20〜50個回答するたびに，500ミリリットルペットボトル1本分の水を"飲んでいる"わけですか。

そういうことです。
ですから，今後のAIの発展が水資源などにもたらす影響についても，考えていく必要がありそうですね。

GPT-3の学習の際に消費された資源の量（すべて推定）

水	二酸化炭素相当量	電力
70万リットル：BMWの自動車370台，テスラの自動車320台の製造に必要な水の量に相当	552トン：ガソリン車123台が1年間で排出する二酸化炭素量に相当	1287メガワット時：日本の平均的な家庭が1年に消費する電力量の300世帯分に相当

※3：Making AI Less "Thirsty": Uncovering and Addressing the Secret Water Footprint of AI Models, Li et al. (2023), https://doi.org/10.48550/arXiv.2304.03271

2 時間目

ChatGPTを
支える技術

AIの急速な進化をもたらした ディープラーニング

AIは，より速く，より質の高い回答をするために，どのように進化してきたのでしょうか。その立役者である「ディープラーニング（深層学習）」についてご紹介します。

「学習」がAI進化のカギ

 先生，ChatGPTって，どうやって誕生したんでしょうか。てか，そもそもAIって何ですか？

 では，AIの歴史を簡単に振り返ってみましょう。
AIとは人工知能（Artificial Intelligence）を略したもので，この言葉は1956年に誕生しました。
この年，アメリカのダートマス大学で研究会議が開かれ，その席上で，主催者の一人であるジョン・マッカーシー（1927～2011）が，人と同じように考える知的なコンピューターのことを，「人工知能（Artificial Intelligence）」とよんだことがはじまりです。

 今からおよそ70年も前に，AIという言葉ができたんですね。

ジョン・マッカーシー
（1927 〜 2011）

そういえば最近，AI搭載のエアコンなんかが売られてい
ますよね。
エアコンが人と同等の知能をもっているとは思えないん
ですけど……。

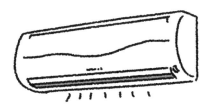

実は現在，AIという言葉に明確な定義があるわけではな
いんです。
一般的には，知能をもっているかのように賢くふるまう
ようプログラムされたコンピューターのことをAIとよん
でいます。

まるで知能があるかのように，すごい機能をもつ家電も
AI搭載とよんでいるわけなんですね。
たとえばドラえもんのようなロボットもAIなんですか？

**AIというのは人の脳にあたるもので，本来，ロボットそ
のものを指す言葉ではありません。**
ですから，ドラえもんの脳，すなわち知能を司るコン
ピューターや，プログラムのことをAIというんです
よ。

ポイント！

AI（人工知能）とは？

　　人間の知能をもっているかのように賢くふるまう
　ようプログラムされたコンピューターのこと。

なるほど。
ChatGPT以外でも，最近はAIって言葉をよく聞きます
よね。
AIは，いつごろから開発されているんでしょうか？

AI研究の歴史は意外と長いものです。

1947年に開催されたロンドンの学会で数学者・コンピューター科学者の**アラン・チューリング**(1912〜1954)が**知性をもった機械**についての発表を行いました。
まだAIという言葉はなかったものの，AIの概念はこのとき提唱されたといえるでしょう。

アラン・チューリング
(1912 〜 1954)

 そして，先ほどお話しした1956年のダートマスでの会議で人工知能(AI)という言葉が誕生し，コンピューターを「思考」のために使うという研究が盛んになっていきます。
そして，3度の大きなAIブームが訪れます。

 3度も!?

人工知能の歴史

1950 —

ダートマス会議 (1956)
計算機による複雑な情報処理を意味する言葉とし
て「人工知能 (artificial intelligence)」という名称
がこの会議で選ばれました。

1960 —

推論・探索の時代　第1次ブーム
コンピューターを用いて推論・探索を行うことで，特
定の問題を解く研究が進みました。

1970 —

冬の時代
従来の手法では，現実の複雑な問題は解けないこと
が明らかとなり，研究が停滞しました。

1980 —

知識の時代　第2次ブーム
コンピューターに知識をもたせることでつくられる「エキ
スパートシステム」により，医療や金融サービスなどの
現場で，実用的なシステムが多くつくられました。

1990 —

冬の時代
知識を完全に記述・管理することのたいへんさおよび
限界が見えてきたことにより失望感が広がり，研究
が停滞しました。

2000 —

2010 —

機械学習とディープラーニングの時代　第3次ブーム
コンピューターの進化とともに，大量のデータを用いた
「機械学習」が発展しました。また，「ディープラーニ
ング」という手法を用いることで，画像認識や音声
認識の精度が飛躍的に上がりました。

（年）

ええ。

第1次AIブームは，1950年代〜1960年代におきました。

このブームでは，コンピューターを使って推論や探索を行い，特定の問題を解く研究が進みました。

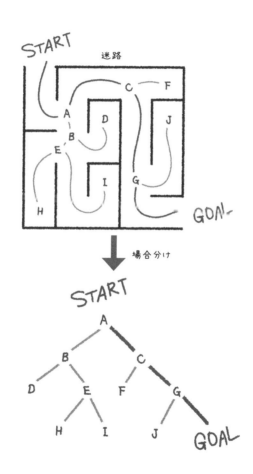

具体的に，どのようなAIが開発されたんですか？

選択のパターンを場合分けして迷路やパズルを解くようなAIや，チェスを指すAIなどが開発されました。

ポイント！

第1次AIブーム（1950年代〜1960年代）
推論・探索の時代

コンピューターを使って，「推論・探索」を行うことで，特定の問題を解く研究が進んだ。

さらに1960年代には，はじめての対話型AIも開発されました。
それがELIZAというチャットボットのプログラムです。

へぇ〜！
そんな昔から，対話できるAIが開発されていたんですね。

はい。
第1次AIブームはやがて終わりますが，さらにその後，1980年代〜1990年代のはじめごろに**第2次AIブーム**がおきます。

このときは，AIに知識やルールを教えこませる**エキスパートシステム**とよばれるしくみの研究が進みました。

えきすぱーとしすてむ？

たとえば医療診断のシステムは，病名やその症状，治療法などの知識を医者から集め，コンピューターに覚えさせます。
それにより患者の症状から病名を特定し，治療法や薬を提示することができるというわけです。

ポイント！

第2次AIブーム（1980年代～1990年代のはじめごろ）
知識の時代

　「エキスパートシステム」により，実用的なシステムが数多くつくられた。

すごいじゃないですか！
それってもう現在のAIやChatGPTと遜色ないんじゃないですか？

95

いいえ、当時の AI と現在の AI との間には、かなりちがいがあります。当時の AI には**大きな問題**があったのです。

どのような問題があったんでしょうか？

たとえば、ELIZA やエキスパートシステムは、ある質問をされたら、このように答えるという**ルール**が決められていました。
そのため、想定された質問に対する答えを出すことはできますが、想定外の質問に対しては、うまく答えることができません。

ふぅむ。

たとえば、**お腹がチクチク痛む**といった場合、チクチクとはどういう痛みなのか、定義して AI にあたえておく必要がありました。
さまざまな質問に対応するには、膨大な知識やルールをすべて言語化して**AI** に覚えさせる必要があったのですが、それはきわめて困難でした。

人が一つ一つルールや知識を AI に覚えさせないといけなかったんですね。

はい。こうして AI の限界につきあたったことで、第2次 AI ブームは終わり、AI 研究は冬の時代を迎えます。

そうなんだ……。

 しかし，2000年代半ばごろから**第3次AIブーム**がやってきました！
AI研究の長い冬の時代を終わらせたのが，**ディープラーニング**という革新的技術です。

でぃーぷらーにんぐ？

 ディープラーニングは**深層学習**ともいいます。
このあとくわしく説明しますが，ディープラーニングとは**AIにものごとを学習させる技術**のことです。
この技術を用いると，AIが大量のデータからみずから学習して"賢く"なることができるんです。
人が知識を一つ一つ教える必要がなくなったということですね。

 ほぉ，人ががんばらなくても，AIが自分で学んで賢くなるわけですか！

ポイント！

第3次AIブーム（2000年代半ば〜）
機械学習とディープラーニングの時代

コンピューターの進化とともに，大量のデータを用いた「機械学習」が発展した。「ディープラーニング」によって，画像認識や音声確認の精度が飛躍的にアップした。

はい，その通りです。

ディープラーニングは自動翻訳や文字・音声・画像認識，自動運転，そしてChatGPTなどの生成AIと，現在活躍しているさまざまなAIに利用されています。

近年のAIの研究の盛り上がりを生んだ立役者こそ，ディープラーニングなのです。

ディープラーニングって，すごいんですね！

AIの言語能力を大幅に向上させた「ディープラーニング」

 先生，ディープラーニングのすごさはわかったのですが，具体的にはどのような技術なんでしょうか？

 では，ディープラーニングについて解説していきましょう。

ディープラーニングとは，AIに学習をさせるしくみ（機械学習）の一種です。

ディープラーニングは当初，画像認識の分野に革命的な性能向上をもたらしたことで注目されました。

 画像認識って，画像に何が写っているのかを判別させる技術ですよね？

 はい，そうです。

たとえば，私たちがイチゴを見たとき，それが多少いびつな形をしたものであっても，即座にそれはイチゴだと認識できますよね。これをコンピューターに行わせるのが画像認識です。

そういえば最近，釣りに行ったんですけど，釣った魚をスマホのアプリで撮影したら，すぐに魚の種類を教えてくれました。
これがAIによる画像認識ってことですね？

その通りです！

きっとそのアプリにも，ディープラーニングが用いられているでしょう。
ディープラーニングを画像認識に用いる利点は，画像に含まれる特徴を，AI自身が見つけだせるという点です。

どういうことですか？

ディープラーニング以前は，たとえば魚の画像を見て何の魚かを判定するAIをつくりたければ，「ヒレの形と体の色に注目しなさい」というように，注目すべきポイント を人が教える必要がありました。

ふむふむ。

しかしディープラーニングなら，大量の画像を読みこませるだけで，注目すべき特徴をAIがみずから抽出してくれます。
人が一つずつ特徴を教える必要はないのです。しかもAIが抽出する特徴は，人には認識できない微妙な特徴も含まれています。

すごいや！
たとえ同じ種類の魚でも，個体によって大きさや色が少しずつちがうけど，どこに注目して種類を判別すればいいのか，AI自身が見つけてくれるんですね。

はい。
このようにディープラーニングを駆使することで，AIは人よりも高い精度で画像を認識できるようになりました。**現在では，顔認証や監視カメラ映像の分析など，社会のいろいろな領域で，画像認識AIが活用されています。**

スマートフォンの顔認証

さらにディープラーニングは，画像認識だけにとどまらず，**自然言語処理**の分野にも革新をもたらしました。

 # しぜんげんごしょり？

 自然言語処理とは，プログラミング言語ではなく，私たち人間どうしが日常的に使っている言葉（自然言語）をコンピューターに処理させる技術のことです。

 対話型AIに欠かせない技術ですね。

 その通りです。
自然言語処理では，**言語モデル**を使って文章を生成します。
言語モデルとは，人間の言語を理解するための一連のプログラム（AI）のことをいいます。
ある単語の次にはどんな単語が来やすいのかを判断し，文章を出力することができるんです。

AIが，どんな言葉がつづくかを予測する，ということでしょうか？

はい。
たとえば，「今日の天気は」の次には「晴れです」などの単語が来やすいですよね。
これを用いて自然な文章を出力させることができるのです。
ただし，正しい文章を出力させるためには，AIに大量の文章を読みこませ，ある単語の次にはどの単語が来やすいかという特徴を認識させる必要があります。
ここに，ディープラーニングの技術が生かされているのです。

なるほど。
ディープラーニングを通してAIにたくさんの文章を学ばせることで，自然な文章がつくれるようになるんですね。

AIは人間の脳のつくりをまねしている

 AIを飛躍的に進化させたディープラーニングですが，実は人間の脳のしくみをお手本にして開発されたんですよ。

 えーっ！
私たちの脳ですか!?

人工知能

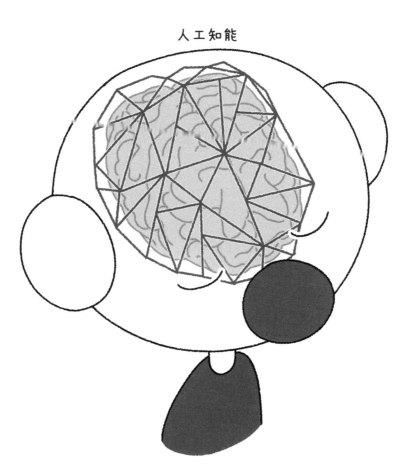

そうです。
私たち人間の脳は，たくさんの**神経細胞（ニューロン）**でできています。
神経細胞というのは，電気信号を伝達することに特化した細胞です。"腕"をのばしてほかの神経細胞とつながり，複雑なネットワークを形成しています。

神経細胞（ニューロン）

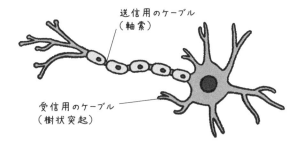

送信用のケーブル
（軸索）

受信用のケーブル
（樹状突起）

へぇ〜。脳の神経細胞っていくつくらいあるんですか？

1000億個をこえるといわれています。
その膨大な神経細胞が情報を伝え合うことで，さまざまな脳の機能が実現されているんです。

どっひゃー！ すごい数ですね。
神経細胞はどうやって情報を伝え合っているんでしょうか。

 神経細胞は，**シナプス**というつなぎめで，別の神経細胞から信号を受け取ります。
そして，受け取る信号が一定量を超えると，次の神経細胞に信号を伝えます。
このように次々と信号を伝達していくことで，情報を処理しているんです。

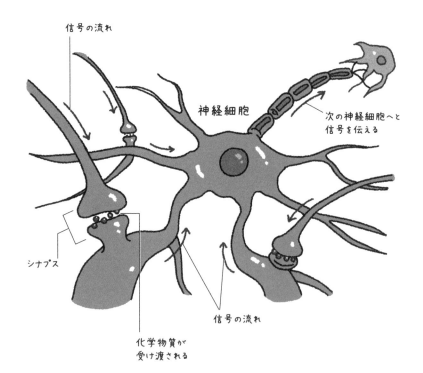

信号の流れ

神経細胞

次の神経細胞へと
信号を伝える

シナプス

信号の流れ

化学物質が
受け渡される

それを**まね**したのが，AIに使われている**ディープラーニング**ってことですか？

その通りです！
このような神経細胞のはたらきをコンピューター上で再現したプログラムを，**ニューラルネットワーク**といいます。
ニューラルネットワークは，たくさんの**人工的な神経細胞（人工ニューロン）**がつながったようなものです。

人工ニューロン？

人工ニューロンは，複数の数値をほかの人工ニューロンから受け取って，そこに計算をほどこして出力するように設計されています。
このようにして，ニューラルネットワークでは，入力された値を人工ニューロンで次々に変換して伝達することで，情報を処理するのです。

ニューラルネットワークと脳の神経細胞のネットワークは，そっくりなんですね。

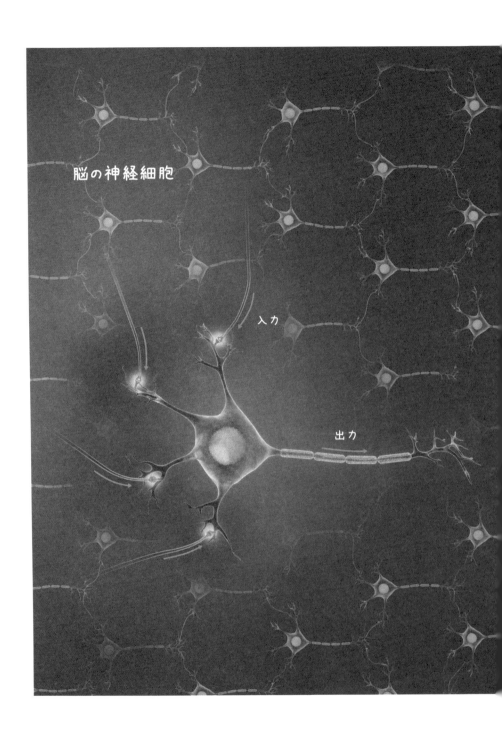

脳の神経細胞

入力

出力

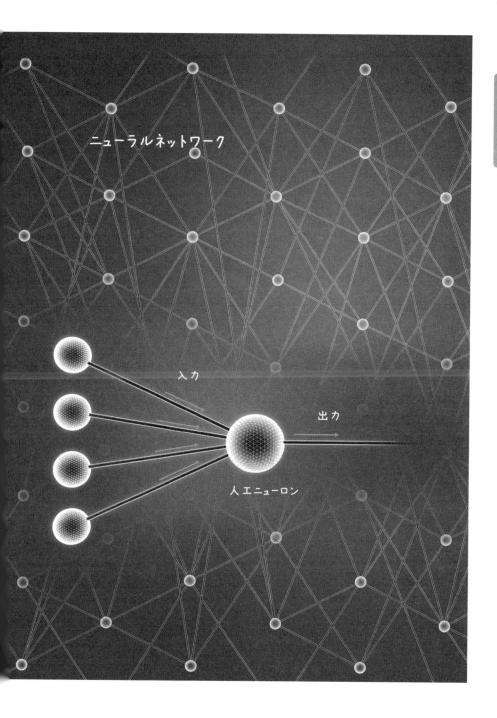

ニューラルネットワーク

入力

出力

人工ニューロン

それで，肝心の**ディープラーニング**というのは？

 ニューラルネットワークのうち，とくにたくさんの人工ニューロンを何層にも重ねてつくったものが，ディープラーニングなんです。

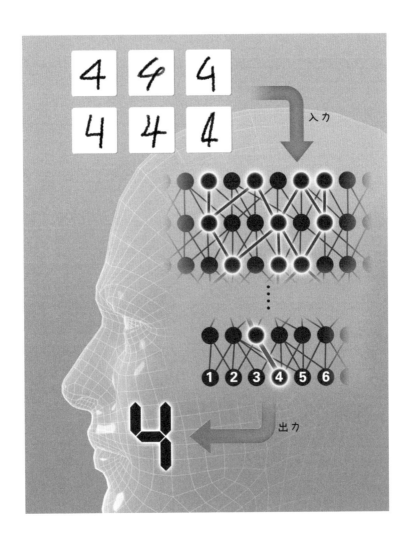

ニューラルネットワークのとくにすごいのが，ディープラーニングってことか。
このディープラーニングを用いたAIは，いったいどうやって学習するんでしょうか？

私たちが物事を学習するとき，脳では神経細胞どうしの**つながりの強さ**が変化します。
こうして神経細胞の信号伝達ネットワークが新しくつくられることで新たなことを記憶したりできます。

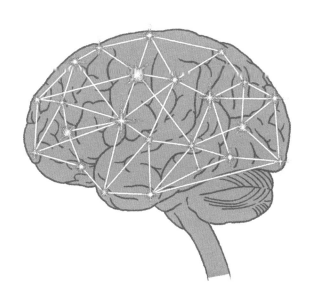

じゃあ，ディープラーニングでも，学習によって人工ニューロンどうしのつながりの強さが変わるってことでしょうか？

はい，その通りです。

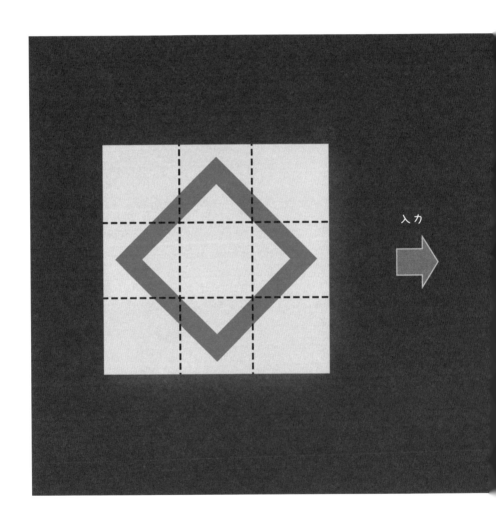

ディープラーニングに大量のデータをあたえて学習を行わせると，人エニューロンどうしの結びつきの強さが変化していきます。これを**重みづけ**といいます。
こうして重みのつけ方を変化させることで，最適な情報処理ネットワークをつくりだすのです。

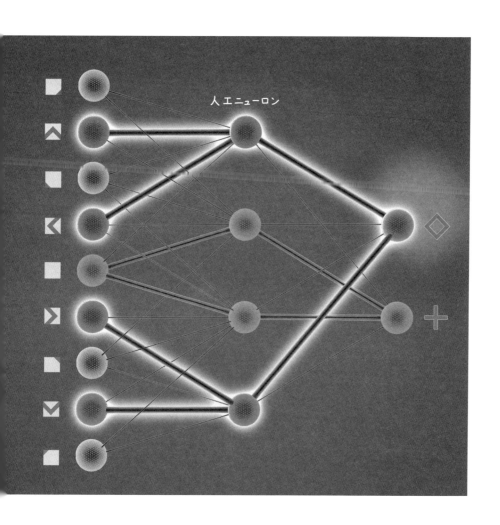

人エニューロン

ふぅむ。

実際に学習がすんだ画像認識AIでディープラーニングがはたらくしくみを見てみましょう。

次のイラストは，花の画像を入力すると，何の花なのかを判別するAIのしくみを簡単に描いたものです。

コンピューターに画像をあたえると，はじめの層の人工ニューロンが輪郭の直線などの**単純な形**を判別し，次の層に情報を伝えます。

そして次の層では，単純な形を組み合わせた**少し複雑な形**を判別し，さらに次の層に情報を送ります。

ふむふむ。

このように，層をへるにしたがって，少しずつ複雑な特徴を判別するようになり，最終的に，画像に写っているものが何かを判別します。

入力した画像がひまわりであれば，それがひまわりだと教えてくれるわけです。

なるほど。

このようなディープラーニングによる画像識別のしくみは，実際の人の脳で行われる視覚の情報処理のしかたとよく似ているんですよ。

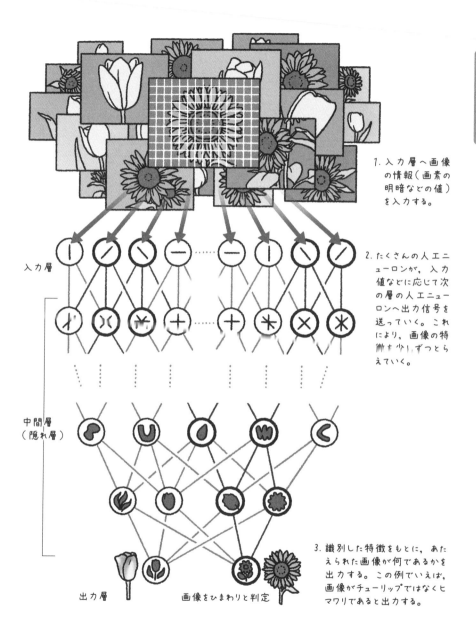

1. 入力層へ画像の情報（画素の明暗などの値）を入力する。

入力層

2. たくさんの人工ニューロンが、入力値などに応じて次の層の人工ニューロンへ出力信号を送っていく。これにより、画像の特徴を少しずつとらえていく。

中間層
（隠れ層）

3. 識別した特徴をもとに、あたえられた画像が何であるかを出力する。この例でいえば、画像がチューリップではなくヒマワリであると出力する。

出力層　　　　　　画像をひまわりと判定

そうなんだ！
人の脳がAIのモデルだったなんて，驚きだなぁ。人間の
脳のしくみって，すごいんですね。

ソフトウェアの生みの親, アラン・チューリング

　アラン・チューリングは，1912年ロンドンに生まれました。幼いころより数学の才能に秀でていた彼は，イギリスのケンブリッジ大学キングス・カレッジに進学し，優秀な成績で卒業すると，1935年にキングス・カレッジのフェローとなります。

　第二次世界大戦が勃発すると，チューリングはドイツ軍の高度な暗号生成機「エニグマ」を解読する任務に従事します。チューリングはそこでボンブ（bombe）という暗号解読装置を開発し，エニグマの複雑な暗号解読を成功させ，英国を勝利へと導きました。しかし，このことは戦時下の機密情報とされ，チューリングの功績は知られることはありませんでした。

チューリング・マシンの提唱

　1936年，チューリングは「チューリング・マシン」という概念を提唱します。これは「計算のための手順をマシンに提示すれば，その手順をマシンが実行することが可能である」というものでした。コンピューターなどなかった時代に，コンピューターのソフトウェアを予言する画期的な概念で，現在のコンピューター科学の原理となりました。

　1946年，アメリカで，世界ではじめてのコンピューター「ENIAC」が開発されました。しかしENIACは，目的ごとに手動で配線を変えるというもので，複雑な計算も不可能でした。そこで次世代のコンピューターの開発に取り組んだ人

物が，アメリカの科学者ジョン・フォン・ノイマンです。ノイマンは，チューリング・マシンの概念に出合ったことにより，ハードウェアとソフトウェアを分けるという，現在のコンピューターの基礎であるノイマン型コンピューターの概念を打ち立てました。

悲劇と名誉回復

　1952年，チューリングを悲劇が襲います。チューリングは同性愛者であり，そのことが発覚したのです。当時のイギリスは同性愛を禁じており，つらい立場におかれたチューリングは，1954年，孤独の中で死亡しました。服毒自殺だとされています。まだ41歳の若さでした。

　しかし，2009年，チューリングのエニグマ解読の功績が明らかになり，多くの著名人や学者たちによる，チューリングの名誉回復のための署名運動がおこりました。イギリス政府は公式の謝罪声明を発表し，チューリングの名誉は回復されたのでした。

コンピューターの基礎を築いた天才数学者，
ジョン・フォン・ノイマン

　ジョン・フォン・ノイマンは，1903年にハンガリーの首都ブダペストに生まれました。比較的裕福な家庭で，幼少期から英才教育を受けたこともあって，人々に神童と呼ばれていました。8歳で微分積分をマスターしたといわれており，さまざまな数学書や歴史書を読破したそうです。

第二次大戦と原爆開発

　数学に驚くべき才能を発揮したノイマンは，1921年にブダペスト大学に入学して数学を専攻しました。1926年には数学の博士号を取得し，1930年にアメリカのプリンストン大学の高等研究所に招かれました。同僚の中には，相対性理論を打ち立てたアルバート・アインシュタインがいました。1933年，ノイマンはアメリカに移住します。1939年に第二次世界大戦が勃発すると，合衆国陸軍に入り，後に，政府の原子爆弾開発計画である「マンハッタン計画」に参加しました。

ノイマン型コンピューターの登場

　マンハッタン計画に関わったことにより，ノイマンはコンピューターの開発にも携わることとなります。当時，計算を目的とした，ENIACというコンピューターが開発されていました。ノイマンは，原子爆弾の威力を最大限に引きだす研究を行っており，そのためには膨大な演算が必要でした。しかし，ENIACは，異なる種類の計算をさせるためには，い

ちいち配線などを変えなくてはならず，とても使い勝手が悪かったのです。そのため，新しいコンピューター EDVAC の開発がはじまり，ノイマンもこの開発計画に参加しました。

このとき，彼は計算の手順や入力などのデータを外からあたえて，汎用性のある回路で処理する，すなわちハードウェアとプログラムをそれぞれ独立させた，新しいコンピューターの概念ノイマン型コンピューターを提唱しました。そしてこのコンピューターの概念こそが，現在のコンピューターの基礎となったのです。

常人離れした計算力や思考力，考え方をしたノイマンは，「人間のふりをした悪魔」などと呼ばれましたが，実際に会うと魅力的な人物だったといいます。1957年，がんのために死去しました。

ChatGPTを生んだ 革新技術 Transformer

さまざまな AI 技術により進化を遂げた ChatGPT。中でも，その発展には「Transformer」という革新的技術が大きく貢献しています。いったいどのような技術なのか，見ていきましょう。

革命的技術「Transformer」がChatGPTの源

ここまで説明してきたように，近年のAIの発展には，ディープラーニングが大きく貢献しています。
そして，ChatGPTを誕生させる源となったのも，Transformerというディープラーニングの技術の一つなのです。

とらんすふぉーまー？

Transformerは，2017年にGoogleの研究チームによって開発された，従来の技術とは一線を画す**革命的な技術**です。
Transformerによって，ChatGPTはそれまでの対話サービスにくらべて，桁ちがいに正確な文章を生成できるようになりました。

革命的な技術……！
いったいどんな技術なんでしょうか？

簡単にいえば，あたえられた文章中の単語同士の関係を広く把握し，どの単語が意味的に近いのかを理解するための技術です。
これができるのは，Transformerが**自己注意機構**というしくみをそなえているからです。

自己注意機構……。何だかむずかしそうですね。

先ほどお話しした通り，ディープラーニングの利点は，データの特徴をAI自身が抽出できることにあります。
ただし，抽出した特徴の中でどれが役に立つかは，目的や文脈によって変わります。
ですから重要なのは，学習するデータのどの特徴に注意（Attention）を向けるかであり，その注意の向け方を学習するしくみが自己注意機構なのです。

うーん，よくわかりません！

具体的に説明しましょう。**Transformerは，文章の次に来る単語を予測するしくみです。**

たとえば，「明日は仕事があるので，今日はベッドに入って早く」という文があたえられたら，その次に「寝る」という単語が来ることを予測できる必要があります。

そうですね。その文章なら，是が非でも「寝る」という単語が来てほしいところです。

ところが従来の方法の多くは，文章を冒頭から少しずつ順に処理していくという方法をとっていたため，処理には時間がかかり，さらに基本的にとなり合う単語どうしの関係しか考慮できませんでした。

つまり，「寝る」という単語を予測するための手がかりは，その直前にある「早く」という単語にしかなかったわけです。これでは，「おきる」や「出かける」などの単語をみちびくことも考えられます。

たしかに「早く」だけでなく，「ベッド」なども考慮しないと，「寝る」にたどり着くのはむずかしいですね。

そうでしょう。従来の技術ではそれがむずかしかったのです。

しかし，自己注意機構のおかげでそれが可能になりました！

自己注意機構とは，要するに，ある単語と文章中に存在するそれ以外のすべての単語の関係性をはかる機構のことです。

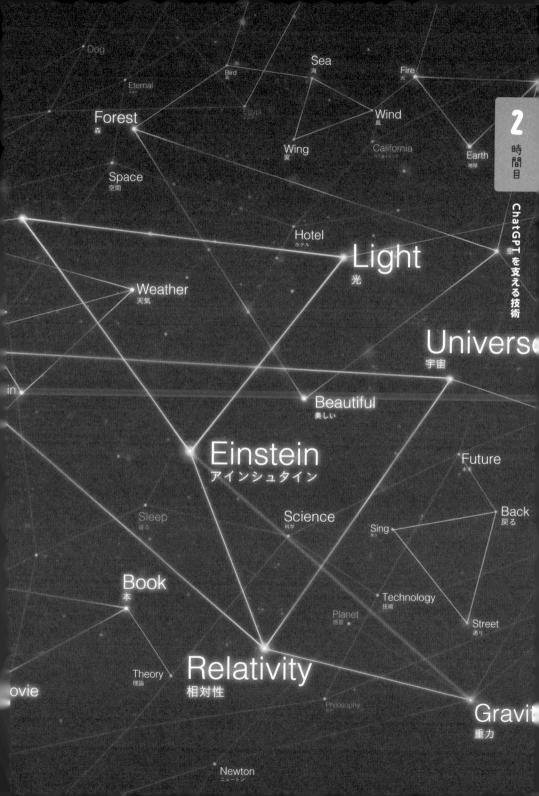

文章にある全部の単語に注意を向けることができる，ということですか？

その通りです。**自己注意機構を用いることで，文章を頭から順に処理する必要がなく，長い文章中のはなれた単語どうしのつながりも正しく理解することができます。**
これによって処理スピードが上がり，膨大な量のデータを用いて学習する**大規模言語モデル**を実現することができました。
そのうえ，文章の意味を正確に理解することも可能になったのです！

すごい！　　まさに革命的な技術ですね。

Transformerは距離から単語どうしの関係をつかむ

Transformerについて，もう少しくわしく説明しましょう。
GPTをはじめとする言語モデルでは，文中の単語を処理するために，単語をベクトルに変換します。

ベクトル？

ベクトルとは，簡単に言うと「大きさと向きをもつ量」のことで，よく矢印であらわされます。
ベクトルは，高校数学でも数学Bの範囲にありますよ。

うーん，習った記憶はさっぱりです。
ともかく，GPTでは，単語を矢印みたいなものに変換している，ということですか？

はい。
ただし，矢印といっても，とんでもない矢印ですよ。
私たちが矢印と聞いて想像するものは普通，縦・横・高さの三方向の奥行きをもっているでしょう。

つまり，**3次元のベクトル**です。

 は，はあ。

 ところが，現在のChatGPTの基盤になっているGPT-3.5では，各単語はなんと**5万257次元**という高次元のベクトルに変換されるのです（ただし，処理の途中で1万2288次元に変換）。

 5万257次元!?
まったく意味がわかりません！

 まぁ，それぞれの単語は特別な矢印，すなわち**単語ベクトル**であらわされる，ということだけ覚えておいてもらえれば，OKです。

は，はい。

ベクトルに変換された単語は，意味が近いほど指し示す**距離**が近くなります。

ベクトルどうしの"距離"をはかるために行うのが，ベクトルの**内積**という計算です。

自己注意機構では，ある単語ベクトルに対してほかのすべての単語ベクトルとの内積を計算して，単語どうしの"距離"の近さをはかっているのです。

そんなことをChatGPTの中で計算しているんですか？
気が遠くなりそうです。

ふふ，そうですよね。

この自己注意機構によって，Transformerは長い文章の中ではなれた位置にある単語どうしの意味的な結びつきを見抜くことができるようになりました。

こうした「文章を広く見る」能力こそが，Transformerのすぐれた文脈理解・文章生成の要なのです。

ちなみに，ベクトルの内積は高校でも習いますよ。

apple

red

blood

tree

133

高校で習う数学が，世界を席巻するChatGPTの中核を
になっているのか。ちょっと驚きました。

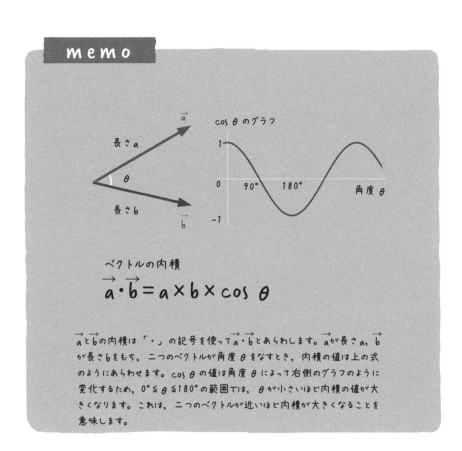

memo

cos θ のグラフ

長さa

θ

長さb

ベクトルの内積

$$\vec{a} \cdot \vec{b} = a \times b \times \cos \theta$$

$\vec{a}$ と $\vec{b}$ の内積は「・」の記号を使って $\vec{a} \cdot \vec{b}$ とあらわします。$\vec{a}$ が長さa，$\vec{b}$ が長さbをもち，二つのベクトルが角度 θ をなすとき，内積の値は上の式のようにあらわせます。cos θ の値は角度 θ によって右側のグラフのように変化するため，$0° \leqq \theta \leqq 180°$ の範囲では，θ が小さいほど内積の値が大きくなります。これは，二つのベクトルが近いほど内積が大きくなることを意味します。

Transformer は言語モデルの性能を向上させ，長い文章をより人間に近い自然言語で組み立てることができるようになりました。

そして Transformer は言語モデル以外の，ニューラルネットワークを使うさまざまな AI にまで利用が進められています。

対話 AI 以外の AI でも Transformer が利用されているってことですか？

そうです。

たとえば，画像認識や音声認識などでも利用が進められています。

画像や音声？　全然文章とはちがう分野ですね。

なぜ，そんなことができるんでしょうか？

言語モデルで用いるときには，Transformer は入力された文章の各単語をベクトルに変換してから，次の単語を予測する処理を行います。

この最初の段階を少し手直しすれば，実は文章以外のさまざまなデータが入力データとして使えるのです。

ほうほう。

たとえば，画像を入力データとした場合，まずその画像を**パッチ**とよばれる小さな区画に切り分けます。
そして文章を単語の連続ととらえるのと同じように，画像をパッチの連続とみなして各パッチをベクトルに変換すれば，Transformerで処理することができるのです。

画像も文章と似たようにあつかうことができるわけですね。

実際に，Googleが2020年に発表した画像認識AI
Vision Transformer（ViT）では，こうした方式が使われています。
また，ViTは画像認識AIとしてだけでなく，入力された文章に応じた画像を生成できる**画像生成AI**にも使われています。

文章をもとに，画像の生成までできるんだ！

ええ。同様に**音声**もTransformerであつかえます。
そもそも音声のデータは，時間や周波数（1秒あたりの振動回数），音の強さであらわすことができます。

 これらをグラフ化した**スペクトログラム**という画像デ
ータを，同じように**パッチに分割**すれば，
Transformerであつかえるのです。

 パッチに分割する，というのが，肝なんですね。

 はい。さらに**自然科学**の世界でも，Transformerが活
躍するようになってきています。
とくに**生命科学**の分野での利用が注目されています。

生命科学と Transformer がどのように結びつくんでしょうか？

 たとえば私たちの体の中では，ものすごい数と種類の**タンパク質**がはたらいています。

私たちが生きていくために必要な体内のさまざまな**化学反応**は，タンパク質がになっているんです。

タンパク質は，**20種類のアミノ酸**が1列につらなってできた物質です。そのアミノ酸の配列でタンパク質の立体構造，ひいては役割が決まります。

タンパク質

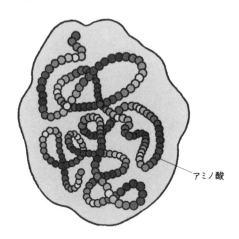

アミノ酸

 ふむふむ。

ただ，アミノ酸の並びから，タンパク質がどのような立体構造をとるのか，これまで予測するのは困難でした。
ここで登場するのが，Transformerです！
タンパク質全体を「文章」，アミノ酸を「単語」としてあつかい，Transformerに入力します。
これにより，そのタンパク質がどんな立体構造をとるかが予測できるようになったのです。

すごいですね！
実際に研究の世界で使われているんですか？

はい。たとえば2020年にイギリスの社が発表したAlphaFold2は，Transformerベースのタンパク質の構造予測AIの一例です。
AlphaFold2は短時間で，きわめて高い精度でタンパク質の構造予測が行えることで話題になりました。

研究が一気に進みそうですね。

その通りです。
また，タンパク質だけでなくDNAやRNAについての分析もTransformerで行うことができます。
DNAやRNAは塩基とよばれる4種類の物質（アデニン，グアニン，シトシン，チミン。RNAではチミンのかわりにウラシル）がつらなることで遺伝情報を伝えています。
このDNA全体を「文章」，各塩基を「単語」とみなしてTransformerを使えば，DNAの変異のしかたなどを予測するAIモデルをつくることができるのです。

DNA

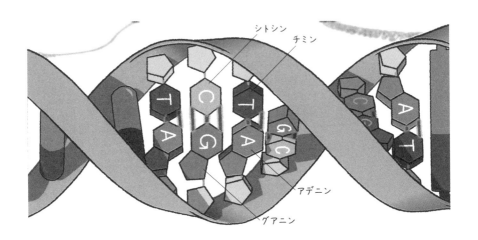

シトシン

チミン

アデニン

グアニン

変異のしかた？
実際にどのような研究で活用されているんでしょうか？

たとえば，2022年には，Transformerを使った変異予測AIである**GenSLMs**によって，**新型コロナウイルスの変異予測**を行うことができたという論文が発表されました[※]。

※：G enSLMs: Genome-scale language models reveal SARS-CoV-2 evolutionary dynamics, Zvyagin et al.（2022），https://doi.org/10.1101/2022.10.10.511571

このほか，タンパク質やDNA・RNAの構造を短い時間で予測することができれば，製薬分野や医療分野において，大きな貢献が期待されます。

 Transformerって，言語の分野だけじゃなく，さまざまな分野で活躍しているんですね。

 はい。「対象を分割して関係性をはかる」というTransformerの基礎的な原理は，非常に幅広い分野に応用されています。

少し話がそれましたが，ChatGPTにもどりましょう。**ChatGPTはTransformerを基礎にして開発された対話サービスです。**
そのことは「GPT」の「T」の部分であらわされています。GPTとは，「Generative Pre-trained Transformer」の略なのです。

へー！
GPTのTは，Transformerから来ていたんですね。

ええ。
TransformerをそなえたGPTは，たくさんの文章データを学習することで，性能を向上させてきました。
たとえばGPT-3は，インターネット上で収集した**45テラバイト**という膨大な量の文章データを学習したといわれています。

45テラバイトの文章ってどれくらいなんでしょうか？

45テラバイトはだいたい**4000億単語**に相当します。**GPTが学習した文章は，英語版のwikipediaやニュース記事，個人のブログ，科学論文など，さまざまなものが含まれていました。この大量の文章データを用いて，GPTは言語の基礎を学んだのです。**
この段階の学習を**事前学習**といいます。

142

4000億単語を学習するなんて，半端ないですね！
いったいどうやって単語を学習するんですか？

 事前学習の具体的な方法は，学習させる文章データの単語の一部をかくして，それがもともと何の単語だったのかを当てさせるというものです。
たとえば次のページのイラストのように，データに含まれる「可愛いからネコが好き」という文章の「好き」の単語をかくした文を自動的に生成し，かくした単語をGPTに予測させました。

 穴埋め問題を解いたってことですね！

 ええ，その通りです。
穴埋め問題を大量に解くことで，GPTは文章の次に来る単語を正確に予測できるようになりました。

 だけど4000億単語も学習するんですよね。
穴埋め問題をそんなに膨大につくるなんて，ちょっと大変すぎませんか？

 もちろん，人がつくるわけではないですよ。
穴埋め問題と解答のセットをGPTが自動で生成するんです。

従来，AIに学習させるデータには人間が解答を示しておく必要があり，解答つきデータをつくるのに非常に手間がかかっていました。

しかしGPTの学習では，もとの文章データの一部をかくすという方法で穴埋めがつくられているため，人の手を加える必要がなくなったのです。

このように，人が回答を示すことなく，AI自身が行う学習を**教師なし学習**といいます。

1. インターネット上の文章から穴埋め問題をつくる

インターネット上に存在する文章データ中の単語をかくすことにより，文章の次の単語を予測するという穴埋め問題を自動で大量につくります。たとえば，「可愛いからネコが好き」という文章の「好き」の部分をかくして，「好き」を予測させるという穴埋め問題をつくります。GoogleのAI「BERT」も同様の方法で学習を行いますが，BERTの学習では文章中の10％程度の単語をランダムにかくし，文章全体の内容からその単語を推測するという穴埋め問題がつくられます。

Q. 可愛いからネコが　　？

入力

GPT

GPTが自習するようになったんですね！

ええ。
このおかげで，膨大な文章データを自動的に事前学習させることが可能になったうえに，GPTの性能も飛躍的に向上させることに成功しました。

3. さまざまな文章について穴埋め問題をつくり，解かせる

2. 穴埋め問題を GPT に解かせ，答え合わせをする

A. 可愛いからネコが ~~走る~~

好き

計算練習

$3 + 5 = 8$

$4 + 9 = 13$

Q. $3 + 5 =$?

世界の情報.com

日本の首都は
東京

Q. 日本の首都は ?

1. でつくった穴埋め問題を GPT に解かせます。十分に学習していない場合，GPT は「可愛いからネコが」のあとに「走る」などの単語を推測してしまう場合があります。その後答え合わせをすることで，「可愛いからネコが」のあとには「好き」が来ていることを学びます。

1. と 2. をくりかえし，インターネット上のさまざまな文章について穴埋め問題をつくって GPT に解かせます。これにより GPT は，文章生成のみならず翻訳や計算など，インターネット上に文章データが存在するものなら何でも幅広く学ぶことができます。

145

なぜChatGPTは自然な文章を生成できる？

 GPTは，インターネットなどから収集した膨大な文章データを使って学習することで，ある文章の次に来る単語を予測して出力することができます。
しかし，実はGPT自身に学習させるだけでは，人と対話を行うChatGPTに用いるには不十分なんです。

 膨大な量の文章を学習しているのに，それじゃだめなんですか？

 はい。
その状態のGPTは言語の基礎知識を学んだだけなので，「**質問に対して回答する**」という，対話AIの機能としては最適化されていないのです。
そのため，たとえば質問文の表現が少し変わるだけで，ちゃんと返答できなくなる場合があります。

 そうなんだ。

 それから，GPTの学習のもとになったのは，ネット上にあるさまざまな文章です。
そのため，もともとの学習データの中に**偏見**や**差別的な表現**などが含まれている場合があり，質問に対してそのような文章をそのまま返答してしまう可能性もあります。

1. 文章のつづきを書く
タスクをGPTにあたえる

「今日は」などの文章の一部をあたえて、そのつづきとなる文章を書くというタスクをGPTにあたえます。

次の文章のつづきを書いてください：

| 今日 | は | ??? |

入力

Park
公園

Time
時間

Today
今日

Bicycle
自転車

Sunny
晴れ

事前学習で学んだ
単語どうしの関係

2. 事前学習をもとに次の単語を
出力する

GPTは事前学習で学んださまざまな文章をもとにして、あたえられた文章の次にはどのような単語が来る確率が高いかを予測し、次の単語を出力します。たとえば、「今日」という単語と「晴れて」などの単語の関係が深い場合には、「晴れて」という単語を出力します。

出力

| 今日 | は | 晴れて | ??? |

次の単語を
推測して出力

| 今日 | は | 晴れて | いる | ??? |

次の単語を
推測して出力

| 今日 | は | 晴れて | いる | ので | ??? |

次の単語を
推測して出力

| 今日 | は | 晴れて | いる | ので | 自転車 | ??? |

次の単語を
推測して出力

だれもが使えるサービスとしては，問題ですね。

そうなんです。
実際にMeta社が2022年11月15日に公開した
Galacticaという対話AIは，差別的な文章などを出力
してしまうことがわかったため，**わずか3日で公開中
止**となりました。
このような問題は，Galactica以外の対話AIでもたびた
び発生しています。

うーん。
適切に質問に答えられないうえに，差別的な文章をつく
ってしまうこともある……。
GPTが自ら学習するだけでは限界があるんですね。
いったいどうやって，問題を克服したんでしょうか？

人の手を入れたのです。
**自動で行われる事前学習のあとに，人がつくったデータ
を用いて微調整を行いました。**
これにより，自然に対話できるようになったり，不適切
な表現をしないようになったりしたのです。

ほほう，やっぱり最終的には人間が調整をすることで，
より使いやすいAIになるんですね！

はい。

このプロセスは，大規模言語モデルであるGPTを，対話サービスであるChatGPTにするためのものだといえるでしょう。

こうした事前学習ずみの言語モデルを，目的に合わせて微調整することを**ファインチューニング**といいます。

ChatGPTは，事前学習とファインチューニングで優秀になっているんですね。

ポイント！

ChatGPT の学習

1. 事前学習
膨大な文章データから，さまざまな単語の関係を学習する。
↓
2. ファインチューニング
ChatGPT が適切な回答を生成できるように調整する。

ChatGPTの性能を高める三つのステップ

先生，ChatGPTのファインチューニングっていったい，どういったことをするんでしょうか？

ChatGPTは，**教師あり学習，報酬モデルの学習，強化学習**という三つのステップでファインチューニングされます。

ChatGPT のファインチューニング

ChatGPT のファインチューニングは次の三つのステップで行われる。

1. 教師あり学習
↓
2. 報酬モデルの学習
↓
3. 強化学習

三つのステップ……。
それぞれ，どのような学習なんですか？

まず「教師あり学習」ですが，これはネット上の文章をそのまま答えとして使う「教師なし学習」とはことなり，人（開発スタッフ）が質問と回答のセットをつくってGPTに学習させるという方法です。

人が質問をつくって，答えまで教えるってことですか。

そうです。
たとえば，次のような質問と回答のペアを，人が約1万3000個つくって学習させました。

質問：DNA の二つの主要な機能は何ですか？
↓
回答：遺伝情報の保存と遺伝情報の伝達

 これにより，ChatGPTは事前学習であまり学習できていなかった事柄について正しく学ぶことができたり，質問に対するわかりやすい答え方などを身につけたりすることができます。

①教師あり学習

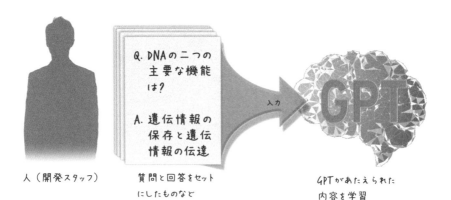

人（開発スタッフ）　　質問と回答をセット
　　　　　　　　　　にしたものなど

GPTがあたえられた
内容を学習

なるほど。
「教師あり学習」は**教師による弱点補強**って感じですね！

そうですね。
さてつづく二つ目のステップは「報酬モデルの学習」です。
これは，三つ目のステップ「強化学習」のための準備にあたります。

報酬モデル？　強化学習？

三つ目の強化学習は，実は，人のかわりに「報酬モデル」という別のAIがGPTの教師役となって行われます。
そこで，二つ目のステップでは，まず報酬モデルを人が教育して，教師役になれるようにするのです。

先生役のAIもいるのか〜。

二つ目のステップではまず，人がGPTに対して質問をして複数個の回答を出力させ，その回答を人が評価します。
評価の基準は，次の3点です。
この3点がクリアできている回答に高評価をあたえます。

GPT を評価する基準
　　① 正しい情報かどうか（誤りがない）
　　② 人を傷つける内容ではないか（差別的な表現がない）
　　③ ユーザーのタスク（困りごと）を解決できる内容かどうか（わかりやすい解答である）

GPTが出した回答を点数づけするわけですね。

そうです。
そしてその後，この評価結果を報酬モデルに学習させます。報酬モデルは，どのような回答がよい回答なのかを学んでいくわけです。
このような流れで，さまざまな質問に対する回答について「よい回答かどうか」を，報酬モデルが判断できるようにします。
これが二つ目のステップ，報酬モデルの学習です。

先生役である報酬モデルを訓練するのが，このステップということですね。

②報酬モデルの学習

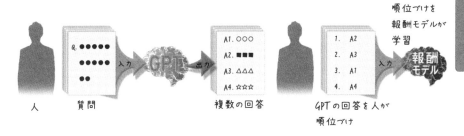

1. 人がGPTに質問を行い,
   GPTが複数の回答を出力

2. GPTの回答を人が順位づけして,
   よい回答を「報酬モデル」が学習

はい。
そして学習させた報酬モデルを用いて, 三つ目のステップの**強化学習**を行います。

どうやるんですか？

GPTに質問をあたえて回答を出力させ, GPTが出力した文章を報酬モデルに評価させるのです。
こうして出された報酬モデルによる評価はGPTにフィードバックされ, GPTはより"よい"回答文を生成できるようになっていきます。
この強化学習をくりかえすことで, 性能をさらに高めていきます。

155

この三つの段階が，ChatGPTにおける**ファインチューニング**です。

 なるほど。よくわかりました！

③強化学習

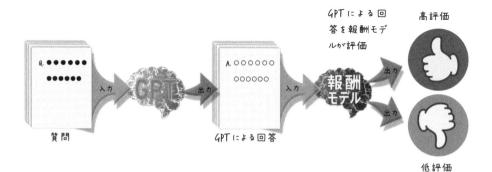

1. GPTが質問に答える

2. GPTの回答を報酬モデルに評価させる

AIの学習能力を向上させた「強化学習」

強化学習は，ChatGPTの学習に限ったしくみではなく，近年のAIの発展を促したとても重要な学習法です。ですから，少しだけ補足しておきましょう。

お願いします！

強化学習は「将来に得られる報酬（評価）を最大にするために，どのような行動を選ぶか」という学習方法です。 AIは自ら報酬（評価）が最大になる行動をとるように学習していくのです。

ChatGPTでも，より評価が高い文章を生成できるように学習していく，ということでしたね。

ええ。
強化学習はさまざまなAIに利用されています。**将棋や囲碁**のAIがここまで強くなったのも，強化学習のおかげだといえるでしょう。また，**自動運転技術の状況判断の学習**などにも用いられています。

将棋や囲碁でのAIの活躍は，目覚ましいものがあります
よね。
その活躍の裏に，強化学習っていう学習法があったんで
すね。

はい。
将棋や囲碁のAIは，人が一つ一つ手筋や定石を教えるの
ではなく，AIどうしがものすごい数の対局をする中で，
強化学習によって急速に強くなりました。
こうして"賢くなったAI"は，人が考えつかないような新
たな有力な手筋を見つけることもあります。

人がすべてを教えるわけではないから，人のひらめきを
超えるアイデアも生まれるってことか。

そういうことです。
この強化学習は，人間や動物の脳のしくみをモデルにして開発されました。
とくに**脳の報酬系**というしくみが参考にされています。

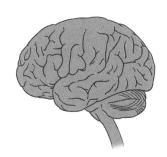

脳の報酬系？

ドーパミンって，聞いたことがありますか？
私たち人がある行動の選択をする際に，ドーパミンという神経伝達物質が非常に大きな役割を果たしています。

ドーパミン，聞いたことがあります！
たしか，分泌されると幸福感がもたらされたり，やる気が出たりするとか。

その通りです。
人がある行動をおこなって，何らかの報酬が得られると，脳内でドーパミンが分泌されます。

報酬というのは，たとえば，ケーキを食べるとおいしかった，といったことです。

 ふむふむ。

 ドーパミンがたくさん放出されると，脳はその行動を学習します。
その結果，同じような状況になったときに，再び同じ行動をとろうとするようになるのです。

 ケーキを見ると，食欲がおさえられないようになる，ということですね。

 そうです。
AIの強化学習は，このような報酬系をモデルにして開発が進められました。

そして先ほどお話ししたように，報酬（評価）が最大とな
るような行動をAIに学習させるわけです。

なるほど。

このように従来，AI（人工知能）の研究は，人間や動物の
脳のしくみをモデルにし，そこに数学の確率論や微分積
分などを使って数理モデルをつくることで研究を進めて
いました。
しかし現在では，数理モデル自体の研究が進み，生物の
脳のしくみを模倣しないほうが，より効率的に計算が進
むという考えもあります。
このため，人間の脳のモデルをAIのしくみに適用すると
いう流れは，変わりつつあります。

そうなんだ！
AIが発展していく方法も，どんどん変化していくんです
ね。

"嘘をつく"頻度が大幅に減少した最新AI「GPT-4」

それにしてもGPTって，ものすごい進化を遂げてきたんですね。
GPT-4の性能は，どのぐらい高まっているんですか？

OpenAIが2023年3月15日に公開した最新のAI（言語モデル）GPT-4は，ChatGPT Plusという有料サービスに登録することで，その機能の一部を使用できます。OpenAIが発表した技術レポート※によると，一般的な会話をするときにはGPT-4とGPT-3.5のちがいはそれほどないそうです。

えっ？　そうなんですか？
じゃあ，今までのGPT-3.5でいいじゃないですか。

ただ，複雑で専門的なタスクになると，そのちがいがあらわれるのです。
GPT-4は司法試験のほかにも，アメリカの大学進学テストである「SAT」の数学などで，GPT-3.5にくらべて高い点数を獲得しています。

そういえば，無料のChatGPT（GPT-3.5）に「日本で2番目に高い山はどこ」って聞いたら，まちがった答えを教えられました。
本当は北岳なのに，槍ヶ岳や剱岳だって……。

※：Open AI, GPT-4 Technical Report. https://arxiv.org/abs/2303.08774

GPT-4だとまちがえることはないんでしょうか？

 たしかに，ChatGPTの答えは必ずしも正しいわけではありません。ですから十分に注意して使う必要があります。最新型のGPT-4でも今までと同様，質問に対してまちがった返答をしてしまう可能性はあります。

ただ，その頻度は今までよりもだいぶ減りました（次のページのグラフ）。

 ふむふむ。

 実際に，**技術**，**歴史**，**数学**など九つの分野において，以前のモデルよりも回答の正確性が向上し，平均的には，**回答の正確性が19％向上**したそうです。

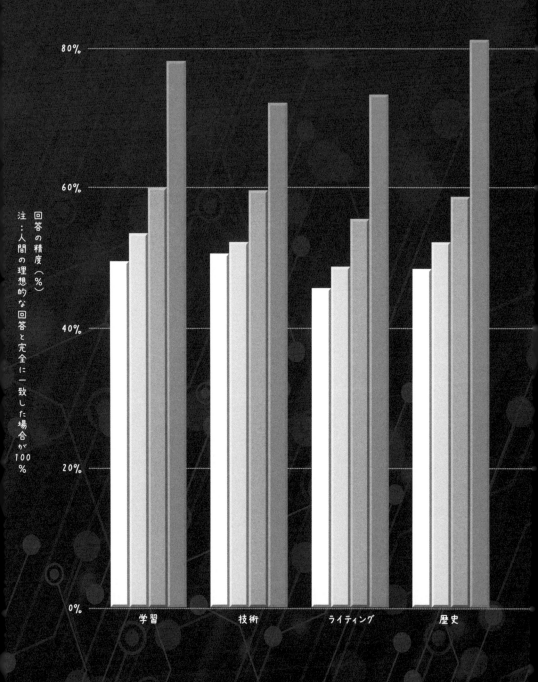

注：人間の理想的な回答と完全に一致した場合が100％

回答の精度（％）

80%

60%

40%

20%

0%

学習　　　　　技術　　　　ライティング　　　　歴史

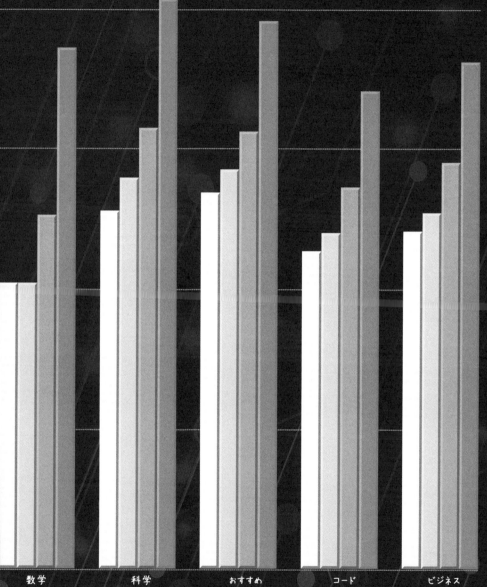

ChatGPT 第 2 世代
（GPT-3.5）

ChatGPT 第 3 世代
（GPT-3.5）

ChatGPT 第 4 世代
（GPT-3.5）

GPT-4 を用いた
ChatGPT

数学　　　　　　科学　　　　　　おすすめ　　　　　コード　　　　　　ビジネス

また正確性だけでなく，GPT-4には新たな機能として**画像認識**が追加されました。
つまり，文章だけでなく，画像を読みこませることもできるようになったのです。

へぇ〜！
その機能は，どのように使うのがいいんでしょうか？

たとえば，グラフや論文の画像を見せてその内容を要約させたり，手書きのメモを見せてホームページを作成させたりすると便利ですね。
応用の幅は，さらに広がりをみせているようです。

なるほど！　それは便利そうですね。

GPT-4モデルが無料で使える「Bing AI」

画像認識もできることだし，最新のGPT-4を使ってみたいんですけど，有料なんですよね？

はい。
ChatGPTの場合，GPT-4を利用する場合は有料になります。
ですが，Bing AIというチャットボットAIを搭載している検索エンジンBingというものがあります。**Bing AIには，GPT-4を利用していると公表されています。** Bing AIは無料で使えるのが特徴です。
Bingのサイト（https://www.bing.com）で，チャットを選択すれば，すぐに利用できます。

おー，無料なんですね！　無料版のChatGPTと比べると，どのような特徴があるんでしょうか？

Bing AIの大きな特徴は，**検索エンジンと連携**していることです。**そのため，ウェブ上の最新の情報を反映した回答ができるようになっています。** しかし，そのためにChatGPTとくらべると回答には**やや時間がかかる**印象です。
また，**創造的に**，**バランスよく**，**厳密に**という三つの会話スタイルを選ぶことができます。

会話形式が選べるなんて，おもしろいですね。

さらに，文章での質問だけでなく，画像や動画を使って情報を伝えることもできますし，画像からも質問することができます。
得られた回答にはリンクをつけてくれるので，参照先がすぐに調べられるのもうれしい機能ですね。

それはいいですね！
情報元を知ることができれば，まちがった情報をうのみにすることを防げますもんね。
早速，日本で2番目に高い山を聞いてみます……。
おー，北岳って答えてくれました。北岳についての簡単な情報と，参照リンクまで教えてくれています。これは便利ですね。

そうでしょう。
さらにマイクロソフトは，Bing Image Creatorという画像生成AIも提供しており，この機能をBingのチャット内で使用することもできます。
これにより，簡単に画像や動画を生成することができますし，さらに，修正したければその指示もチャットで行うことができます。

すごい，すごい！

ただし，いくつかの利用制限が設けられてもいます。
たとえば，2023年12月の時点では，ログインしていない状態での1回の会話数（ターン数）は4回です。

「新しいトピック」を選択して，新しく会話をはじめれば，ターン数はリセットされます。

なるほど。
でもそういった制限があるにせよ，今言ったことが無料でできるんですから，かなり便利ですね。

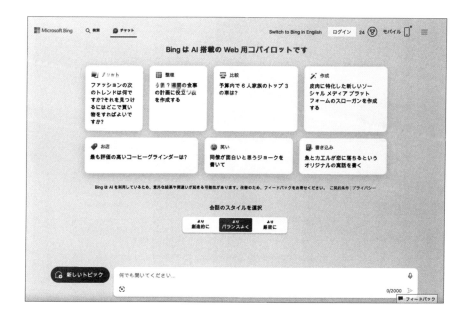

三つの回答を返す生成AI「Bard」

GPT以外のAIを使った対話AIサービスも見てみましょう。

グーグルの生成AIサービスBardは，LaMDA（Language Model for Dialogue Applications）という大規模言語モデルを使っています。

英語や日本語，中国語，韓国語など現在，46言語に対応しており，230を超える国と地域で利用できます。今後，より多くの国や地域に順次展開していく予定のようです。

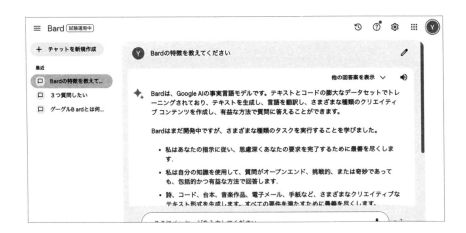

そんなサービスがあったんですね！ 知りませんでした。どんな特徴があるんですか？

Bardも，グーグルに登録すれば，誰でも無料で使うことができます（2023年12月時点）。
Bardの特徴としては，まず一つの質問文や命令文に対して，三つの回答を返してくれるということです。再生成のボタンを押すことで，さらに三つの回答を提示してくれます。

三つの回答って，どれが正しいか迷っちゃいそうですね。

そうですね。しかし，ちょっと回答が的外れであっても，三つの回答の選択肢があれば，その中から最適なものを選ぶことができるはずです。

なるほど！

Bardの第2の特徴は，インターネットに接続されているということです。ChatGPTの無料版（GPT-3.5）では，インターネットにつながっていないので，「今日の天気」を聞いても答えることはできません。
しかし，Bardであればインターネットにつながっているので，インターネットに掲載されている最新情報を調べることも可能です。
たとえば，次のような質問にも簡潔に答えてくれます。

Q：平日，12時に西新宿にいるのですが，13時45分に品川駅につくには，何時に西新宿を出ればいいですか？

A：西新宿から品川駅に電車で行く場合，所要時間は約25分です。13時45分に品川駅につくには，13時20分までに西新宿を出発する必要があります。ただし，電車の遅延や乗り換えの待ち時間など，想定外の事態が発生する可能性もあるため，13時15分には西新宿を出発することをおすすめします。

 ほう，こりゃ便利ですね。

 また，関連トピックのリンクからGoogle検索に飛ぶこともできますし，さらに回答のエクスポートアイコンをクリックすると，Gmailの送信画面に貼りつけることもできます。
このように，対話AIを普段の生活の中で使いやすいというところに，Bardの特徴がありそうですね。

なお，Bardの英語版は2023年12月現在，**画像で入力**することも可能です。

たとえば，自分がほしい服と似たような服を探してもらうことも，画像を直接入れることで可能になっています。

おぉ～！ 対話AIは，ChatGPTにかぎらず，幅広く普及しつつあるんですね。

言語モデルの規模が大きいほどAIの性能が上がるのはなぜ？

2018年にGPTの最初のバージョンである「GPT-1」が公開されて以来，2019年に「GPT-2」，2020年に「GPT-3」，2022年に「GPT-3.5」，そして2023年3月に「GPT-4」が公開されました。

1～2年ごとにバージョンアップがなされているんですね。

そうです。

バージョンが進むごとに，GPTの**パラメーター**の数が急速に増加しています。

パラメーターとは，**AIの計算に関連する変数**を指します。**言語モデルの規模をあらわす数**と考えるのがわかりやすいでしょう。パラメーターが大きいAIほど，規模の大きなAIといえます。

GPTは，パラメーターの数が増えるほど性能（予測精度）が向上するのが大きな特徴です。

次の表が，GPTのパラメーター数を比較したものです。

モデル	パラメーター数
GPT-1	1.17億
GPT-2	15億
GPT-3	1750億
GPT-3.5	3550億
GPT-4	1兆をこえる？

GPT-1とくらべて，GPT-4では桁が大きくちがいますね。
それだけバージョンを重ねるごとに性能が上がっている
ということなんですね。

ええ。このように，パラメーターの数が増えるほど，
AIの性能が上がることを**スケール則**といいます。

ふむふむ，スケール則か。

実は，GPTでスケール則が成り立つことは，興味深いこ
となんです。
**というのも，これまで，学習データの量に対してパラメ
ーターが大きすぎると，AIの性能（予測精度）は逆に低下
してしまうことが知られていたんです。**
この現象を**過学習**（overfitting）といいます。

これは，AIがあたえられた学習データに特化して学習しすぎてしまい，それ以外の一般的なデータをちゃんと判定できなくなることによっておこります。結果，そのAIは未知のデータに対応できなくなるんです。

過学習？

たとえば，ネコの画像を認識するAIがあったとします。このAIは，膨大なネコの画像をあたえられて学習し，そこからさまざまなネコの特徴を取りだすことで，その画像に写っているのがネコかどうかを判別（予測）します。

ほうほう。

しかし，過学習がおこると，学習用にあたえられたデータのネコの特徴（耳の大きさなど）にとらわれすぎて，学習用のデータ以外のちょっと変わったネコを正しくネコと認識できなくなってしまうのです。

うぅむ。

学習データの数に対してパラメーター数が大きすぎると，AIが学習データに過剰に適合してしまい，このような過学習がおきやすくなるんですね。

パラメーターの数が大きい規模の大きなAIが，必ずしも優秀というわけではないんですね。

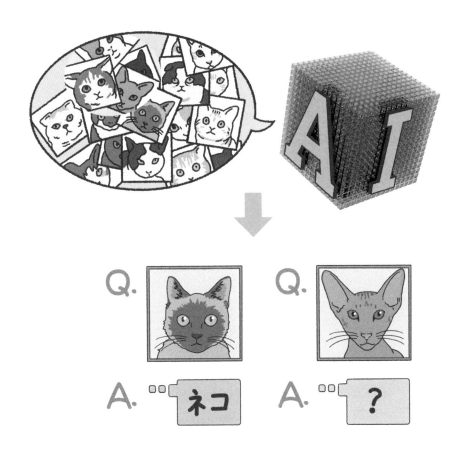

 そうなんです。
ところがGPTは，スケール則が成り立ちます。つまり「パラメーターの数が多いほど，性能が向上する」というわけです。
なぜスケール則が成り立つのか，これはGPTに関する大きな謎の一つですね。

むむ。それがなぜなのか，わからないんですか？

 はっきりとした理由は解明されていませんが，いくつか
仮説が提唱されています。
その中の一つが**宝くじ仮説**です。

 # 宝くじ仮説？

 この仮説はやや難解なので，要点のみ説明します。
**115ページで説明したように，AIの学習とは「人工ニュ
ーロンどうしの結合の強さ（重み）を変化させ，正解に対
応するネットワークを構築する」**ことです。

はい。

 ここで学習が終わったニューラルネットワークを見てみましょう。
このとき，強い結合もあれば，弱い結合もあるはずです。
弱い結合につながっている人工ニューロンには情報があまり行き来しません。

1. 学習によって重みを変化させたネットワーク

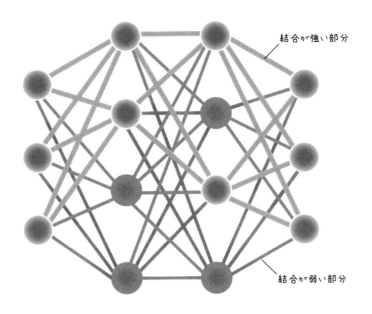

結合が強い部分

結合が弱い部分

そのような人工ニューロンは取り除いても，AIの性能は
あまり変わりません。

 ほとんど使われないってことですもんね。

 そうなんです。
実際に「宝くじ仮説」の検証実験では，この不要な人工ニューロンを取り除きました。 さらに，重みの値も学習前
の状態にもどしました[※]。

2. 1のネットワークのうち，重みが小さい結合を取り除き，
重みを学習前の状態にもどしたネットワーク

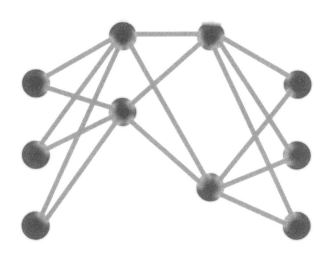

※：厳密には，この方法で検証されるのは宝くじ仮説の一種である「強い宝くじ仮説」
です。

179

するとこのAIは，**学習後のAIと同じ性能を示すこ**とがわかりました。
つまり，AIの性能を上げるためには，もとのニューラルネットワークに含まれている「正解のネットワーク」を見つけだすことが鍵だったのです！

ネットワークをつくりだす，というよりも，見つけだす，ということですか？

ええ。
つまり，AIの学習とは「正解に対応するネットワークの構築」ではなく，「もとのニューラルネットワークの中に偶然含まれている『よい性能を出せるネットワーク』の探索と発見」なのではないか，と考えられるようになりました。

ふぅむ。

GPTは多様なネットワークの構造の中から，正解をみちびくのに必要な"よいネットワーク構造"を探索し，見つけだしています。
それには，検討するべきネットワーク構造の候補はできるだけ多いほうが，よいネットワーク構造が見つかる確率が高くなりますよね。
そのため，モデルの規模が大きい（パラメーター数が多い）ほうが，予測精度は向上すると考えることができます。
つまり，**スケール則が成り立つ**のです。

うーん，むずかしい……。

 要するに，ニューラルネットワークの中に"当たりくじ"が含まれていて，それを発見することで性能が向上する，と考えるのが宝くじ仮説です。
これなら，人工ニューロン（とその結合）ができるだけ大量に存在しているほうが，当たりくじが含まれる確率が高くなりますよね。

 は，はぁ。

 宝くじ仮説は非常にユニークな理論で，スケール則の謎を解明する重要な手がかりとして近年，注目を集めているんです。

 そうなんですね。

 スケール則を成り立たせるGPTが，人間に匹敵するような言語能力を獲得したということは，逆に言えば，人間の脳内でも同じような現象がおきている可能性があります。
スケール則の解明は今後，「人間の知能とは何か」という謎の解明にも，大きな手がかりをあたえることになるかもしれません。

Transformerのはたらきは脳の海馬にそっくり

 GPTに利用されている **Transformer** は，人間の脳と同じようなはたらきをしているのではないか，という研究論文が発表されています。

少しむずかしいですが，2時間目の最後にTransformerと私たちの脳についての研究を紹介しましょう。

 人間の脳とTransformerに，どんな関連があるんですか？

 そもそもAIの研究で使われるニューラルネットワークは，脳の神経細胞（ニューロン）のネットワークをモデル化したものです。

その神経細胞のネットワークの研究から発展してきたAIは今，逆に脳の謎にせまるためのモデルとして利用されています。

 逆輸入的な感じですね。

 ええ。

ホップフィールドネットワーク とよばれるニューラルネットワークがあります。

ホップフィールドネットワークとは，ネットワークに含まれるすべての人エニューロンどうしが接続されており，それぞれの人エニューロンの間を情報が行き来するというネットワークです。

このネットワークは，脳がもつ**連想記憶**のはたらきを
うまく再現できるモデルとして研究されてきました。

 # 連想記憶？

 連想記憶とは，たとえばある人の名前を聞くとその人の
顔やその人と会った場所，会話の内容などが思いだされ
る，というように，記憶の一部をあたえられることでそ
れに関連する事柄を**芋づる式に思いだす**はたらきの
ことです。
近年，この連想記憶を再現できるとされるホップフィー
ルドネットワークとTransformerの間に意外な関係があ
ることが報告されたのです。

 どんな関係ですか？

2020年，ヨハネス・ケプラー大学（オーストリア）の研究チームが，連想記憶を再現できるホップフィールドネットワークに少し修正を加えたネットワークは，**Transformer と数学的に等価のはたらきをする**ことを発見したのです[1]。

実際，修正ホップフィールドネットワークを組みこんだAIモデルを使うと，Transformerと同様に，あたえられたデータの特徴の分類などを高い精度で行うことができました。

うーん，むずかしい……。
もう少しわかりやすく教えてください！

つまり，これは逆にいえばTransformerが連想記憶を再現するモデルとなることを意味しているんです。

Transformerの自己注意機構は，あたえられた文全体を広く見て，各単語どうしの関係性を認識することができます。

ということは，この性質が，人工ニューロンどうしがすべて接続され，情報をお互いやりとりしているというホップフィールドネットワークの性質と対応しているのかもしれません。

ふぅむ。

※1：Hopfield Networks is All You Need, Ramsauer et al.（2020），https://doi.org/10.48550/arXiv.2008.02217

こうした研究はまだあります。

2022年には，イギリス，オックスフォード大学の研究チームが，脳の記憶に関係する領域である**海馬**の神経細胞のはたらきをTransformerで再現できるという研究を発表しました[2]。

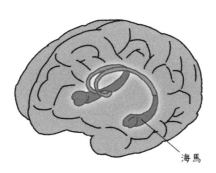

海馬

海馬は記憶の中枢だって，聞いたことがあります。

そうです。

海馬には**場所細胞**や**グリッド細胞**という神経細胞があります。これらの神経細胞は，生物が一定の距離を動くたびに**発火（電気信号を周囲の神経細胞に伝達）**して，方向感覚や現在位置の感覚を生みだしています。

オックスフォード大学の研究チームは，この神経細胞の発火と一致するパターンをTransformerでつくりだすことに成功したのです。

※2：Relating transformers to models and neural representations of the hippocampal formation, Whittington et al. (2021), https://doi.org/10.48550/arXiv.2112.04035

学習する前の
ニューラルネットワーク

学習する前のニューラルネットワークは，人工
ニューロンどうしの結合の強さ（重み）がでた
らめになっています。そのため，AIになんらかの
質問を入力しても，正しい答えをみちびくた
めのネットワークが構築されておらず，AIは回
答をまちがえます。

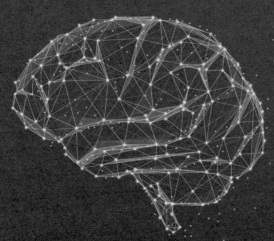

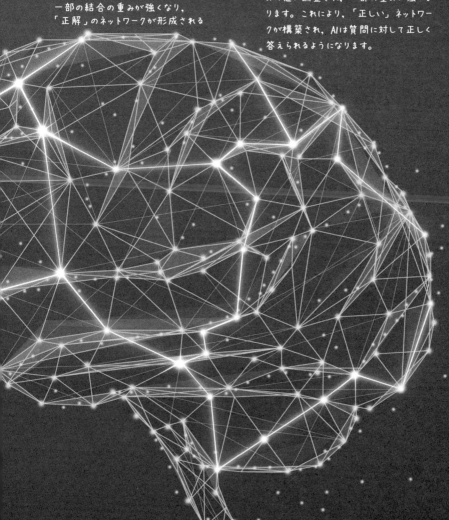

学習後の
ニューラルネットワーク

学習することでニューラルネットワークの重みの値が調整され，一部の重みが強くなります。これにより，「正しい」ネットワークが構築され，AIは質問に対して正しく答えられるようになります。

一部の結合の重みが強くなり，
「正解」のネットワークが形成される

ということは，Transformerって，人間の脳と同じってことになるんですか!?

いいえ，これらの研究は，Transformerが脳のしくみと同じだということを示しているわけではありません。**しかし，脳のモデルをつくるうえで，Transformerが役立つことを示す大きな成果といえるでしょう。** 人のように自然な言語を生みだすことができるTransformerは，人の脳のようなはたらきをしているのかもしれませんね。

なるほど。

3
時間目

思いのままに
絵をつくりだす
画像生成AI

STEP 1

AIに絵を描かせる時代がやってきた

文章を入力するだけで，美しく高精細な画像が簡単に生成できる「画像生成AI」。そのしくみや使い方，どのような種類があるのかを見ていきましょう。

指示通りの画像を生みだす「画像生成AI」

 ここからはChatGPTと並んで最近話題になった画像生成AIについて，紹介していきましょう。

 「ラーメンを食べるアシカ」っていう，突拍子もないプロンプト（命令文）を入力しても，実際にその画像をつくってくれるっていうことでしたよね！

 そうそう，覚えていたようですね。
画像生成AIは，「こんな絵を描いて」と言葉で指示すると，それに応じた画像を生成してくれるAIです。
OpenAIが2021年1月に発表したDALL・Eや，イギリスのベンチャー企業AIが2022年8月に公開したStable Diffusionなどが知られています。

AIがどうして絵を描けるんでしょうか？

簡単に言えば，インターネット上にある大量の画像を読みこんでその特徴を学習し，ユーザーが打ちこんだプロンプトにあわせ，それらの画像を再構成してくれるからです。
たとえばStable Diffusionの場合は，インターネット上にある**23億枚**もの画像データを学習させて，画像を生成しています。

23億枚!?

すごいでしょう。
画像生成AIは，画像の内容とそれをあらわす単語を結びつけて学習します。これにより，プロンプトの内容からつくるべき画像の特徴を決めることができるのです。

信じられない枚数ですね……。
それなら，あらゆる画像がつくれるのも納得です。

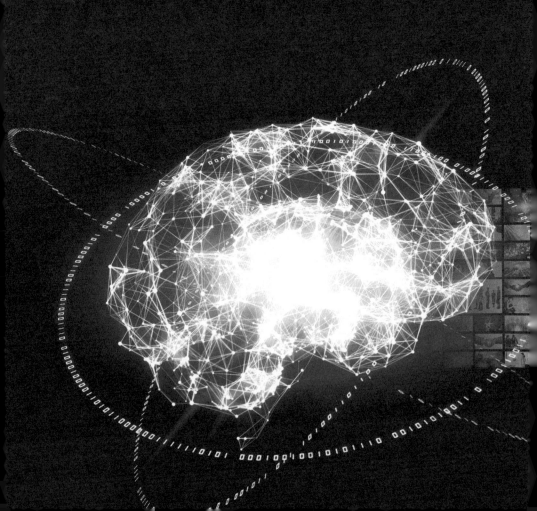

画像生成AIのイメージ。画像生成AIは，インターネット上に存在する大量の画像を読みこんでその特徴を学習し，指示文に合わせた画像になるように再構成します。

では，画像生成AIのさきがけとなったVision Transformer（ViT）について，紹介しましょう。

たしかTransformerの技術を用いたものだって，前に出てきましたよね。これも画像生成AIなんですか？

いいえ，ViTは画像生成を行うものではなく，2020年にGoogleから提案された**画像認識モデル**です。画像の中に写っているものが何かを判別するAIですね。
これをきっかけに，画像をあつかうTransformer型の画像生成モデルがたくさん提案されるようになりました。

画像生成AIの兄貴分的な存在ってことですね。

そうですね。
ViTは画像認識に，それまで広く使われてきた畳みこみニューラルネットワーク（CNN）ではなく，**自然言語処理**で行われてきたTransformerを使うモデルです。

畳みこみニューラルネットワークって，何ですか？

畳みこみニューラルネットワークとは，従来，画像認識分野でよく使われてきたディープラーニングのモデルの一つです。

画像から単純な形を抽出し，それを組み合わせて，画像が何かを識別します。
画像の中の物体が移動しても，それが何かを適切に判別できるという強みがあります。

ふむふむ。
でも，ViTではそれを使っていないと。

はい。
ViTはTransformerを使っているため，画像をそのまま認識せずに，分割するんです。

ChatGPTでも，文章を単語に分割するんでしたよね。
同じような感じですか。

そうです。Transformerは，データを小さな部分に分割して処理するのが得意なんですよ。
ViTでも画像を分割して，小さな部分（パッチ）を自然言語の単語（トークン）と同じように処理します。
こうして，画像全体を文章のように理解するのです。
まるでパズルのように理解している，といったところでしょうか。

なるほど〜。
ViTの画像を認識する能力は，従来のものよりもいいんですか？

はい。画像分類コンテストなど，コンピューターやAIの性能を比較・評価するベンチマークテストで，ViTは畳みこみニューラルネットワークを利用したモデルよりも**優れた結果**を残しています。
さらに学習に必要な**処理時間も大幅に減らす**ことにも成功しているんですよ。

すごい！

またViTは，Transformerの技術でつくられているため**スケール則**が成り立ち，パラメーター数を増やせば増やすほど，性能がより向上していくと考えられています。

具体的な画像生成AIをいくつか紹介していきますね
まずは，2022年に公開された**Stable Diffusion**で
す。
テキストから画像生成を行うだけでなく，画像に基づく
画像生成（image-to-image）にも使用されます。

どのような絵をつくってくれるんでしょうか？

では Stable Diffusion の性能を見てみましょう。これら
の画像は，Stable Diffusion によって描かれたものです。
まずは「緑の森にいる白いユニコーン」です。

そして次は「幻想的な天空の城で人々が日常生活をしているようすを，神様が上から見ている」になります。

Clipdrop
by stability.ai

 # これをAIが描いたんですか!?
すごすぎる！　なぜこんなことができるんだ……。

Stable Diffusion は，OpenAI が開発した CLIP という技術を採用した AI を用いています。

CLIP は Transformer を応用したもので，画像と文章の関係を膨大なデータから学習しています。

そのため，CLIP に言葉をあたえると，それに対応する画像を選びだすことができます。

これにより，プロンプトの内容から，つくりだすべき画像の特徴を決めることができるのです。

Stable Diffusion にも Transformer が関わっているんですね。

ええ。

さらにたくさんの画像を学習する際には，拡散モデル（Diffusion Model）という技術が使われています。

拡散モデルでは，まず学習用の画像に少し**ノイズ**を加えて画像を劣化させます。この過程を**拡散**といいます。

その後，逆にノイズを少しずつとり除くことで**もとの画像を復元**します。

こうして AI は，ノイズまみれの画像からどのようにノイズをとり除けばもとの画像が復元されるかを学習していくわけです。

ふむふむ。

そしてこれをさまざまな画像について行うことで，ノイズまみれのダミー画像をもとに，さまざまな画像をつくりだすことができるようになります。

へぇ〜！　まるで**画像の穴埋め問題**ですね。

 おぉ！　よく気がつきましたね。
ChatGPTが文章の穴埋め問題を解いて性能を向上させたのと同じように，Stable Diffusion は「画像の穴埋め問題」をたくさん解くことによって，画像生成AIとしての性能を高めていったのです。

 なるほど。

 実際に画像を生成する際には，ノイズまみれのダミー画像をまず用意して，そこから少しずつノイズを取り除きながら目標の画像を生成します。

Stable Diffusion にかぎらず，現在の多くの画像生成AI は概ねこのようなしくみで画像を生成しています。

 ふむふむ。
ちなみに Stable Diffusion って，誰でも使えるんですか？

 はい，最新版の Stable Diffusion XL は，DreamStudio という web サービスを通して使うことができます。
サイトにアクセスして登録すれば，誰でも使うことができますよ。
ただし，無料版では生成できるイラストの枚数に限度があります。

DreamStudio のページ（ https://beta.dreamstudio.ai/generate ）

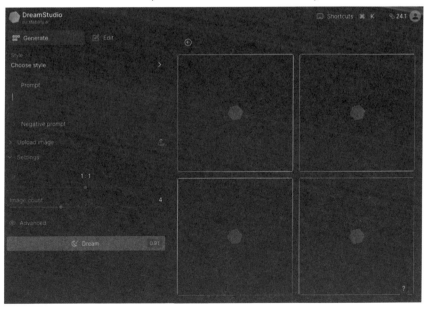

ふむふむ。

 また，Stable Diffusionのコードとソースは，**一般に公開**されています。ですから，多少の知識があれば，それらのデータをダウンロードして利用することもできますよ。
少なくとも8GBのVRAMを持つGPUを搭載したほとんどのユーザーのパソコンで動かすことができるんです。

 私はweb版を使ってみます！

 ただ，Stable Diffusionは非常に高品質で写実的な表現が得意な画像生成AIですが，その表現ができる学習データは，もともと多くのクリエーターが制作した写真やイラストです。
生成AIの学習に活用するうえでは，解決すべき課題も残されているといえるでしょう。

 たしかに，むずかしい問題ですね。

 生成AIと学習データの問題については，4時間目にあらためて考えましょう。

さて，次に紹介する画像生成AIは DALL・E です。
これは OpenAI によって開発されました。
DALL・E にも Transformer が使われています。

ここでも Transformer が使われているんだ。

Transformer によって，テキストと画像の両方を単語（ト
ークン）で把握し，画像を生成していきます。
**学習のスピードが速く，効率的に高い精細の画像を生成
することができるのが特徴です。**

ほうほう。

**また動物や物体を擬人化したり，存在していない物体を
さもあるように見せかけたりすることが得意です。**
次のページの絵をご覧ください。

わぁ，ペガサス！　すごく幻想的ですね。

美しいですよね。
DALL・E は新しい画像を生成するだけでなく，テキスト
でプロンプトを入力することで，いま存在している画像
に変更を加えることもできます。
ちなみに2022年4月には，より高い解像度でリアルな
画像を生成するように設計された DALL・E2 が，そし
て2023年9月には DALL・E3 が発表されました。

 DALL・E3は，どうやったら使えるんですか？

 DALL・E3はChatGPTと連携しているため，ChatGPTに指示をすれば，DALL・E3で画像を生成することができます。
ただし，有料版のChatGPTに登録しておく必要があります。

えー，無料では使えないんですか？

安心してください。
無料で使う方法もありますよ。マイクロソフトの**Bing**では，DALL・E3を使って画像を生成することができます。

ほぉ！　どうやって使えばいいんでしょうか？

BingのImage Creatorのホームページ（https://www.bing.com/create）にアクセスし，メールアドレスなどを登録して，マイクロソフトのアカウントをつくれば，すぐに利用できるようになりますよ。
テキストを入力する窓が出てくるので，そこに生成したい画像のイメージをテキストで入力すれば，画像をつくってくれます。

おぉ〜。これなら簡単にはじめられそう！

画像生成AIサービス③　Midjourney

最後に紹介する**Midjourney**（ミッドジャーニー）も，文章から画像を作成する画像生成AIです。

"ミッドジャーニー（真夜中の旅）"なんて，しゃれた名前ですねぇ。

ははは，そうですね。この名前は，プログラムを開発している研究所の名称でもあるんですよ。
画像生成AIのMidjourneyは，**Discord**（ディスコード）とよばれるチャットツールを通じて，プロンプトを入力すると，わずか**1分ほどで絵が4枚**表示されます。

1分で4枚！
これも使ってみたいなぁ……。

Midjourneyは，今お話ししたDiscordというチャットツールのうえで展開されているサービスですので，Discordのアカウントに登録してから利用します。
ただし，Discordの登録は無料ですが，2023年3月よりMidjourneyの無料版は閉じられているようです。

Midjourney で作成した絵

Midjourney のトップページ（ https://www.midjourney.com ）

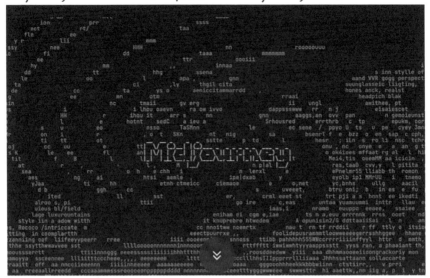

 Midjourney の場合、プロンプトは英語で入力する必要が
あります。
過去の投稿者のプロンプトが載っているので、それを参
考にしましょう。

 そうか、今は有料で、なおかつ英語で入力しないといけ
ないんですね……。

美しい画像をつくるには命令文が大事

さて，今までいくつかの画像生成モデルをご紹介してきましたが，上手に画像を生成するためには，どのモデルでも**よいプロンプトをつくる**のがポイントになります。

なるほど，その点はChatGPTと同じですね。

はい。自分がどんな画像をつくりたいかという意図がAIにうまく伝わらないと，想定していない画像ができてしまいます。

とはいっても，どうすればいいんでしょう。
秘訣みたいなものってあるんですか？

ある程度の慣れが必要になるかもしれませんね。
でも，少しでも早く自分の思い通りの画像を描けるように，いくつかのコツをご紹介します。

お願いします！

最も重要なのは，**漠然としたプロンプトはさける**ということです。漠然としたものを入れても，漠然とした画像にしかなりません。

たとえば風景画を描こうと思っても，どのような風景なのかをこちらで細かく指定する必要があります。
街なのか，それとも村なのか，山なのかなど，イメージをなるべく細かくつくり上げましょう。

そうか，ChatGPTと同じで，あやふやなことが一番いけないんだ。

ええ。またMidjourneyなどは，高精細な美しい画像をつくることができますが，プロンプトをつくるのは基本的に英語です。
英語でなければ，美しい画像を制作することはできません。

あっ，そうか，私の苦手な英語か……。

英語のプロンプトは，ChatGPTに依頼してつくってもらうこともできます。
しかし，英語でプロンプトを制作するのはどうしても苦手ということであれば，まずはマイクロソフトのBingのImage Creatorで画像を制作してもらうのもよいでしょう。

なぜですか？

Image Creatorは日本語にも対応しており，日本語でプロンプトを入れても，画像を生成してくれるからです。

先ほどお話ししたとおり，Bing の Image Creator には，DALL・E3 が使用されているので，高精細な画像をすぐに描くことができます。

 それはありがたいです！
私には Image Creator がぴったりかも。

 ちなみに次の絵は，「風景画を描いてください。アルプス山脈のような山があり，手前には湖があるような。季節は夏で。夕焼けが見える感じで」というプロンプトを日本語で入力してできたものです。

Bing Image Creator に日本語で風景画を依頼してできた絵

イメージ通りの絵を描くための三つのポイント

先生，プロンプトを上手に書くコツを，もう少しくわしく教えてください！

では，どのような順番でプロンプトをつくればよいのか，画像生成AIに依頼する方法を紹介しましょう。
実は，画像生成AIに入れるプロンプトの順番は，先にある文ほど影響が強くなるという傾向があるようです。
ただし，どのように絵やイラストに影響するのかということについては，具体的に明らかにされていません。

へぇ〜！
ということは，**大事なことは先に書いたほうがよ**いのですね。

そうですね。
ですから，はじめに全体像を指示して，だんだんと細かく表現していくというのが，思い通りの絵を描くためのコツといえます。

なるほど。
具体的には，どのような指示を入れればよいでしょうか？

重要な要素を三つお話ししましょう。
まず第1に水彩画，油絵，アニメなど**全体の雰囲気**をどうするかということです。

絵の技法を考えるのがむずかしいという人であれば，**テーマ**を先に考えてもいいかもしれませんね。そのテーマに合わせて技法を変えれば，より美しい絵を描くことができます。

なるほど。たしかに格調高い油絵をイメージしたのに，技法をうまく指示できなくてかわいいアニメ絵が出てきたら，がっかりですもんね。

第2に**絵の構図**を考えます。
たとえば，「手前に大きな湖があって，小川がその湖に流れこんでいる。奥には中世の城郭があり，手前には旅人がゆっくりと歩いている」という感じですね。

ふむふむ。

絵の構図が決まれば，それらを**どのような大きさで表現するか**を指定します。
人物と風景がこれから描く絵の要素ならば，**人物は絵に対して30%，風景は70%**などの配分を入れるのもよいでしょう。

そっか，大きさも指定しないといけないんですね。

第3に**絵の時期**です。描かれるのは，どのような時間帯なのかということを加えます。
たとえば，朝焼け，夜中，日中の小雨の状態，などですね。

結局この三つって，人が絵を描こうとするとき，頭の中で考えることですね。AIに指示を出すときにも同じように考える必要があるってことか！

はい。絵について，より細かなことをプロンプトで指示すれば，より自分のイメージに近い絵を生みだしてくれるでしょう。

ポイント！

画像生成AIで絵を作成するときのヒント

① 水彩画，油絵，アニメなど，全体の雰囲気をどうするか決める（プロンプトの順番は，先にある文ほど影響が強い傾向がある）。

② 絵の構図を決める。またそれらをどのような大きさで表現するかを指定する。

③ 絵の時期を決める。朝や夜中など，どのような時間帯かを指定する。

さて，自分のイメージを画像生成AIに伝えて絵が完成すれば終わりではありません。
さらにアレンジすれば，もっと美しい絵に仕上がります。ここでは，描いた絵にプロンプトを追加することで，さらに高品質で雰囲気のあるイメージにする方法を見てみましょう。

どうすればいいんですか？

たとえば，同じ構図でもっと違う雰囲気にしたい場合には，プロンプトに**画法**を追加したり，「●●風に変えてほしい」とAIに伝えるだけで，がらりと変えることができます。
次の絵を見てください。

部屋の片隅に台があって，そこに金魚鉢が置かれていますね。背後に窓も描かれています。**写実的**な絵ですね。

そうでしょう。
これは画像生成AIサービスのBing Image Creatorで描いたイラストです。
「写実的な油絵，部屋の片隅の台の上に金魚鉢が乗っている。その奥には窓があり，そこから広場が少しのぞける。時間は夕方。外から西日が差している」と指示しました。

3
時間目

思いのままに絵をつくりだす画像生成AI

この絵をあとから「フォービズム（心が感じる色彩）風に かえて」と指示すれば，構図は少し変わりますがフォービ ズム風にすることができます。

わぁ！
はじめの絵と全然，雰囲気がちがう！

**このように，あとから気に入らない部分を変更できると
いうのも，画像生成AIで絵を描く魅力なのです。**

たしかに，できあがったあとで絵の雰囲気を変えるとな
ると，人が描いた絵ならゼロから描き直しになってしま
いますもんね。**AIならでは**ですね！
でも，フォービズム風とか，画法の名前なんて知らない
です……。

**画法がわからなくても，雰囲気を伝えるだけで絵のイメ
ージは大きく変化しますよ。**
たとえば，写実的な絵をファンタジーゲームに出てくる
ような雰囲気にしたい場合は，そのまま「ファンタジーゲ
ームの雰囲気に」とすればよいのです。
写実的な絵をファンタジー風にしたのが，次の2枚です。

写実的な絵

 おぉ，写実的な絵のほうはすっきりしたイメージだけど，
ファンタジーゲーム風のほうは霧が出ていたり，月に雲
がかかっていたりして，より幻想的な雰囲気ですね。
指示をするだけで思い通りの雰囲気にできるなんて，面
白い！

ファンタジーゲーム風の絵

また画像生成AIで上手に絵を描くには，先ほど紹介した三つのポイントを守るだけでなく，**構図を勉強することも大事**です。
AIは上手な絵の構図を学習しているので，上手な絵の構図を連想させるプロンプトに反応しますから！

画像生成AIは人の偏見を反映する

 今まで説明していただいたコツさえつかめれば，簡単にきれいな絵を描くことができそうですね！
画像生成AIってほんとうにすごいなぁ。

 たしかにおっしゃる通りですが，前述のように，画像生成AIは問題点も指摘されています。

 クリエイターがつくった画像をもとにして生成している，というお話でしょうか。

 ええ。生成した画像の著作権の問題です。
画像生成AIは既存の画像を読みこんで画像を生成しているため，もとの画像の著作権を侵害している可能性があるという指摘がありますね。

 AIの著作権問題って，ニュースや新聞でもよくとり上げられていますよね。

 はい。また，画像生成AIのつくりだす画像に偏見があるという指摘もあります。

 いやいや！ AIが偏見なんてもつはずないじゃないですか。

それが，そうでもないんですよ。
たとえば，画像生成AIサービスのStable Diffusionに
nurse（看護師）と入力してみましょう。
すると，出力されるのは基本的に**女性**の画像となります。

Stable Diffusionが作成した画像

うーむ，看護師には男性もいますよね……。

ほかにも，CEO（最高経営責任者）と入力すると白人男性の，ラッパーと入力すると黒人男性の画像が出てきやすいなど，AIがつくりだす画像には，かたよりがあるようなんです。

AIはなぜ偏見をもっているんでしょうか？

AI自身が偏見をもっているわけではありませんよ。
これは，インターネット上に看護師として女性が写っている画像や，CEOとして白人男性が写っている画像，ラッパーとして黒人男性が写っている画像が多く存在し，それをAIが読みこんでいることによります。
つまり，そもそもは私たち人がもつ偏見であるといえるのです。

そうか。AIが生成する画像には，私たちの偏見が鏡のように映しだされているんですね。

脳内のイメージを映しだす画像生成AI

さて，画像生成AIは単に絵を描くということだけでなく，**人間の脳研究**の分野にも大きな影響をあたえています。**たとえば，大阪大学の研究チームは2023年3月，Stable Diffusionを用いて脳の活動を高精細に画像化することに成功しました**※。

ある画像を見ている被験者の脳の活動を読みとり，そのデータをStable Diffusionに入力することで，もともと見ていた画像を高精度に再現することに成功したのです。

えっ!?

画像生成AIを使って，脳の中を読みとったってことですか!?

どうしてそんなことができるんでしょうか。

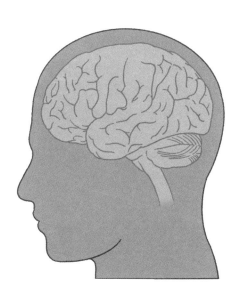

※：Yu Takagi, Shinji Nishimoto, Highresolution image reconstruction with latent diffusion models from human brain activity. https://doi.org/10.1101/2022.11.18.517004

229

人の視覚は，視覚野という脳の領域の信号によって生じています。
そのため，視覚野の脳の信号を解読できれば，原理的には視覚を再現することができます。このように，脳の信号を読みとって解読する技術を脳デコーディングといいます。

もともと視覚野の情報を画像デコーダーというAIに入力することで画像にする技術は，従来から存在していました。

ただし，従来の方法では画像の再現度に限界があったのです。

なぜ従来の方法ではだめだったんでしょうか？

理由の一つは，**取得する脳信号データの精度が低い**ことにありました。

最も精度の高いデータを取得するためには，脳に直接，電極を挿入して電気信号を測定するという方法がありますが，それでは脳を傷つける危険性があります。

そのため，一般的には脳を流れている血液の流れ（血流）の変化を読みとる**fMRI（機能的核磁気共鳴画像法）**という装置を使って，脳信号を外側から間接的に取得します。

これなら安全そうですけど，精度があまり高くないってことなんですね。

はい。fMRIのデータでは，曖昧な画像しか再現できませんでした。
しかしStable Diffusionを用いることで，この問題を克服したのです！

おぉ〜！
いったいどうやったんですか？

まず，ある画像Xを被験者に見せ，そのときの視覚野の脳信号をfMRIで取得します。そして，fMRIのデータを画像デコーダーに入力し，画像Xをいったん再現します。ただし，これだけでは従来通り，精度の低い画像しか得られません。

じゃあ，どうすればいいんでしょうか？

このデータに加え，言語情報もStable Diffusionにあたえるのです。
たとえば，リンゴを見ているときには，あなたの脳はそれが言語的に「リンゴ」であるということを，高次視覚野という脳の領域で理解しています。
そこで，高次視覚野の脳信号から取得した言語情報もStable Diffusionに入力したのです。

被験者の視覚野の信号から再現した曖昧な画像情報と，その画像を見ていたときの被験者の高次視覚野の言語情報，その両方をあたえたってことですね。

その通りです。
そうして出力された画像には，画像Xが高精度に再現されていました！
つまり，「画像」と「言語」という，脳から取得した2種類の情報をStable Diffusionに入力し，高精細な画像を得たわけです。

すごいですね！

上段：被験者が見た画像　下段：Stable Diffusionが再現した画像

そうでしょう。
この技術を応用することで，人が脳内で思いうかべているイメージや夢の内容を解読し，高精度に再現することも可能になるかもしれませんね。

はい！
けど，心の中に思い浮かべているものが読みとられるというのは，少し怖い気もしますね……。

生成AIは人の声だってつくりだせる

文章生成AIや画像生成AIのほかに注目を集めているAIとしては，**音声生成AI**があります。

音声をつくりだすAIってことですか？

その通りです。
音声生成AIには，人の声を対象として生成するものや，音楽や街の雑音などを対象として生成するものなど，さまざまなものがあります。

人の声を生成することができるんですか!?

ええ。**実在の人物そっくりの声をつくりだすこともできるんですよ。**
2023年5月にはエンジニアでSF作家の安野貴博さんが岸田文雄首相の前で，岸田首相の声を再現してみせました。
首相は自分の声そっくりの音声技術に驚いていたようです。

そりゃ，自分の声で他人がしゃべると，びっくりしますよね！
いったいどんなしくみなのか，気になります。

まず，マネしたい人の声のデータから，その特徴を生成AIに学習させます。
そして自分の声を，その学習した声に近づけるように処理させるのです。

へぇ〜！
私も使うことができるんでしょうか？

できますよ。
2022年3月には，リアルタイムで声を変換できるMMVC（RealTime-Many to Many Voice Conversion）というソフトウェアが無料で公開されました。また，2023年4月にはRVCというサービスもリリースされています。
RVCは数十分で学習することができ，一度対象の声を学習すれば，男性や女性など，マネする人の声質にかかわらず，声を変換することが可能です。

数十分で覚えるなんて……！
性別に関係なく変換できるのもすごいですね。

ふふ，そうですね。
こうした音声生成AIは，YouTubeやライブ配信などで，自分の声を変えるために**ボイスチェンジャー**として利用されることがあるようです。
いずれ外国の映画が，出演者の声のままで自国の言葉に翻訳される日がくるかもしれませんね。

おぉ～！
そうなったらもう，字幕いらずじゃないですか。

ただし，音声生成 AI にもやはり問題があるんです。
たとえば，**サイバー犯罪**で利用される可能性があります。

サイバー犯罪？

実際，2019年にエネルギー事業を営むイギリスの会社では，親会社の CEO の声になりすました相手から電話がかかってきて，「**3000万円をある口座に振りこんで**」という依頼がありました。
あまりに CEO の声に似ていたため，子会社の責任者は，言われた通りに振りこんでしまったそうです。
ところがこれは，AIによってつくられた音声だったんです。

それって，お年寄りが被害にあう**オレオレ詐欺**と同じじゃないですか！

そうなんです。
誰でも音声生成 AI を使えるようになっているため，犯罪に利用される確率は高くなっています。
しかも音声生成 AI の学習能力も向上しているため，一度大企業の CEO や幹部クラスに電話しただけで，音声データがとられる可能性も十分に考えられます。

　偉い人のマネができてしまったら，いろんな犯罪につながりそうですね。
どうにか声が偽物だと見抜く方法はないんでしょうか？

　残念ながら，音声が不自然であるということを見抜くのはむずかしいと思います。
それよりも合い言葉を決めておくことや，複数の要素で相手を認証する多要素認証をとり入れるなどの工夫が必要でしょう。

うーん，やっぱり合言葉のような古典的な方法が有効な
んですね。

4
時間目

生成AIが
もたらす未来

STEP 1
ChatGPTは
人を超えるのか

急激な発展を遂げた生成AIをはじめ，AIはこの先，どのように進化し，私たちの生活にかかわっていくのでしょうか。AIと私たち人間の未来を考えます。

生成AIは"幻覚"を見る

ChatGPTをはじめとする生成AIは，ものすごい進化を遂げていることがわかりました。
人がつくったものと見分けがつかないような文章や画像をつくれるなんて，ほんとうに便利な世の中になりましたね！

そうですね。
ただしChatGPTを使う際には，注意も必要です。たとえばChatGPT（GPT-4）は，**幻覚を見る**ことがあります。

ChatGPTが幻覚を見る!?
そんなバカな！

ここでいう"幻覚を見る"とは，「ある情報源に関連して，無意味なもの，もしくは真実でないものを生成する」ということです。

これはOpenAIが指摘している，ChatGPTの**ハルシネーション（幻覚）**とよばれるものです。

ChatGPTが見る幻覚というのは，人が見る幻覚とはちがうんですか？

ええ，人間が見る幻覚とはちょっと意味がちがうんです。人間の場合は，対象が存在しないのにもかかわらず，ほんとうに存在しているかのように対象を知覚してしまうことなどを幻覚といいます。
しかしChatGPTの幻覚はそれとは少しちがい，二つのタイプがあるのです。

どんなタイプがあるんでしょう？

一つは**クローズドドメインの幻覚**とよばれるものです。これは，特定の情報源から答えを生成するよう指示したにもかかわらず，ほかの情報源を使って回答するようなことを意味します。
たとえば，ある記事を要約するようChatGPTに指示したとします。**しかし，その記事になかった情報を付け加えて要約してしまうことがあるのです。**
これをクローズドドメインの幻覚といいます。

こちらが指定していない情報を使ってしまうんですね。

ええ。
もう一つは，**オープンドメインの幻覚**です。
**これは，入力した特定の文脈を参照しないで，ChatGPT
が自信をもって，まったくまちがった情報を提供した状
態です。**

そういえば，ChatGPTが実際にはありえないことを，あ
たかも真実であるかのように回答することがありました。
これが，まるでChatGPTが幻覚を見ているかのようだ
ってことなんですね。

はい。
ChatGPTを使う際は，幻覚をおこす可能性があるという
ことをいつも肝に銘じる必要がありますね。
過度に信頼してしまうと，誤った情報を使ってしまうだ
けでなく，ChatGPTが幻覚を生みだすのを助長してしま
う可能性もありますから。

信頼するほど，幻覚があらわれやすいってことですか？

ええ。
**ユーザーの信頼度が高まれば高まるほど，ChatGPTの
回答に異議を唱えたり，検証したりする可能性が低くな
ることが，OpenAIの研究でもわかっています。こうし
たことが幻覚の増加につながる恐れがあるのです。**
このような問題は今後，生成AIが定着することにより，
さらに拡大するかもしれません。

ChatGPTを使うときには，回答を頭から信じず，疑いながら使うことが重要なんですね。

ポイント！

chatGPT のハルシネーション（幻覚）

・クローズドドメインの幻覚
特定の情報源から答えを生成するよう指示したにもかかわらず，ほかの情報源を使って回答してしまう。

・オープンドメインの幻覚
入力した特定の文脈を参照しないで，まったくまちがった情報を提供してしまう。

参考文献：S. Lin, J. Hilton, and O. Evans, "TruthfulQA: Measuring How Models Mimic Human False- hoods," May 2022.

ChatGPTが嘘をつくのは学習が足りていないから

先生，ChatGPTの回答が必ずしも正しいわけではない，ということはわかったのですが，そもそもなぜ嘘をつくようなことが起こるのでしょうか？

ChatGPTは，どんな質問にも流暢に答えてくれるため，一見とても物知りであるように見えます。
しかしなぜ「ハルシネーション」，つまり嘘をつくようなことがおこるのかというと，**学習が足りていないから**です。

ChatGPTの勉強不足ってことですか？

ええ。
たとえば，ChatGPTに日本の有名な芸能人について質問しても，まったく見当ちがいな答えが返ってくることがあります。
そうした話を聞いた人は，「ChatGPTは意外とかしこくないな」と思ってしまうかもしれません。
また，「ChatGPTは物事の情報を正確に回答するためにはつくられていないのだろう」と思う人もいるでしょう。

そういえば，さっき日本で2番目に高い山を聞いたときにまちがえていたので，ChatGPTはあまりかしこくないな〜と思ってしまいました。

このように学習が足りず，正しく答えられなかったり，誤った情報を正しいと思いこんでしまったりするのは，人間も同じですよね。

そうですね。

しかしChatGPTは，十分に学習したことについては，きわめて正確に回答することができます。この能力はとくに最新モデルのGPT-4において強化されているんです。**ChatGPTの性能を過大評価するべきではありませんが，かといって過小評価してしまうのも損だといえるでしょう。**

たしかに，うまく活用しなきゃもったいないですよね！

ChatGPTが巻きおこす学習データの著作権問題

 ChatGPTは便利なツールとして注目されていますが，その一方で，社会にさまざまな問題をもたらしています。その一つが前にもふれた**著作権の問題**です。

 具体的に，ChatGPTに関する著作権問題って，どういうものなんですか？

 ChatGPTで著作権が問題となりうるのは，大きく分わけて「ユーザーがChatGPTを使って生成したテキストやデータ」と「ChatGPTの学習に使われるテキストやデータ」の二つです。

 二つはどうちがうんですか。

 それぞれ見ていきましょう。
まず「ユーザーがChatGPTを使って生成したテキストやデータ」についてです。
本来，この**著作権**はChatGPTの開発元である**OpenAI**にあります。
しかしOpenAIの利用規約を遵守するかぎり，**ユーザー**にもその**所有権**が認められています。
つまり，ユーザーはみずからがChatGPTを使って生成した文章を転載したり，販売したりすることができるわけです。

ChatGPTがつくったものは，ルールにしたがうかぎりは
ユーザーが自由に使えるってことですね。

ええ。
さて，もう一つの「ChatGPTの学習に使われるテキスト
やデータ」ですが，これはさらに**2種類**に分けられます。
まず一つは，**ユーザーがChatGPTに入力したデー
タ**です。

ユーザーがChatGPTにあたえるプロンプト（命令文）の
ことですか？

そうです。
このデータはAI（言語モデル）の改良のために利用される
ことがあると，OpenAIの利用規約に明記されています。
**そのため，個人情報や企業の機密情報を入力することは
控えたほうがよいでしょう。**

そっか，入力データは**第三者に見られる可能性**があ
るんですね。それは気をつけないと。

なお，OpenAIは2023年4月25日に，ChatGPTに入
力したデータが学習に使われないようにできる機能を追
加しました。
設定（settings）の画面で，Chat history &
trainingという項目を**オフ**にすると，入力したデータ
が**30日以内**に**削除**され，AIの改良に使われないよう
になります。

なるほど。とはいえ，重要な情報を入力しないことに越したことはないですね。

はい，その通りです。
そして，もう一つは，「ChatGPTの学習に用いられた膨大なインターネット上の文章データ」です。
この問題が最も厄介で，現在でも議論がつづいています。

ネットの情報を勝手にChatGPTの学習に使ってよいのかってことですね。

ええ。

ChatGPTの学習に用いたデータには，メディアが公開した記事も含まれます。この記事の著作権は当然，記事を公開したメディア（の発行元）にありますよね。

そのため，**CNN**や**ウォールストリートジャーナル**などの一部のメディアは，ChatGPTがメディアの記事を学習に用いることは，**著作権侵害**にあたると抗議しているのです。

たしかに，無断でデータを使うのはよくないような気もします。

ところが，ことはそう単純ではないのです。

そもそも著作権とは，データが無断でコピーされない権利のことをさします。しかしChatGPTの場合，データを**教材**として使っていますよね。

そのためChatGPTが生成する文章は，学習に用いたデータのコピーではなく，AIが獲得した知識として出力されるものだとも考えられるのです。

このようなデータの使い方は**前例のない**ことであり，ChatGPTなどの生成AIが社会にはじめてもたらした問題だといえます。

うーん，著作権ってなかなかむずかしいですね。
現在はどのようなルールなんでしょう？

実は**日本**では，生成AIが学習するための**教材としての権利**が認められています。

2018年（平成30年）に著作権法が改正されて，機械学習を含む情報解析については，必要な範囲で他人の著作物を自由に利用できるという規定が整備されました。
この改正によって，AIに機械学習をさせるのであれば，ネット上の情報も書籍からの情報も，著作権法上問題ないとされています。

へー！ 2018年ってことは，ChatGPTの前か。すでに検討されていたんですね。

ただし，すべての機械学習に許されているわけではありません。機械学習の結果，著作権者の権利が不当に害されると判断されれば，許されない場合もあります。

ちゃんとルールがあるってことか。

はい。
このように機械学習に対する制限規定がはっきりと設けられていると，関連企業の誘致につながるかもしれません。
実際にOpenAIのCEOであるサム・アルトマン氏が2023年4月10日に来日した際，日本でオフィスを設立したいと発言しているんです。
理由の一つとして，日本の著作権法で機械学習の制限規定が設けられているから，という見方がされています。
多くの企業は，著作権にかぎらず訴訟のリスクがある業務に抵抗感がありますからね。

ポイント！

ChatGPT と著作権

ChatGPT が生成したデータ
利用規約を遵守するかぎり，OpenAI はユーザーにも所有権を認めている。

ChatGPT の学習データ
・ユーザーが入力したデータ
OpenAI によって，AI の改良に利用されることがあるため，注意が必要。

・学習に使われるネット上の大量のデータ
現在でも活発な議論がつづいている。日本では，不当な利用でなければ，AI の学習に用いることが認められている。

う〜ん，それはそうですよね。

しかし，日本の著作権法上の権利も，生成AIによって生みだされた文章に対して著作権を認めるかどうかは，明確な規定があるわけではありません。
今後さらなる議論が必要になってくるでしょう。

生成AIがつくった文章や作品への著作権に関するトラブルは，すでにおこっているんでしょうか？

著作権が保護された著作物を，生成AIがオリジナルのものとして生成してしまったというトラブルが，2022年10月にアメリカでおきています。
ソフトウェア開発プラットフォームのGitHubとマイクロソフト，そして人工知能開発組織のOpenAIが協力で開発した **GitHub Copilot** というコード補完サービスがおこした問題です。

コード補完サービス？

GitHub Copilotは，2022年6月に無料でリリースされたサービスです。数十のプログラミング言語に対応しており，プロンプトを利用して，ソフトウェア開発に必要なコードを作成してくれます。
このサービスを使えば，人はコードを途中まで記述するだけで，残りは自動補完してくれるため，従来のソフトウェア開発がスピードアップされると期待されていました。

つまりソフトをつくるうえで，必要なむずかしいコードをつくってくれるってことか。
でも，問題がおきてしまったんですね。

はい。
2022年10月にテキサスA＆M大学でコンピューターサイエンスを教えているティム・デイビス博士が，著作権で保護されている自分が書いたコードを，同サービスが勝手に出力していると訴えたのです。

デイビス博士のコードとChatGPTが生成したコードは完全に同じものというわけではないようですが，**かなり似通っていた**ようですね。

そうなんだ……。
著作権問題は，ほんとうにむずかしいですね。

ええ。
日本では作品をつくった人が著作権をもつという考え方がありますが，その考え方を生成AIが生みだした著作物にどこまで認めるかどうかという点も，**今後議論が必要**です。これからの判例や社会動向を注視していきましょう。

AIはAIが書いた文章を判別できる

ChatGPTを使えば, いろんな文章をつくってくれるんで, たとえば大学のレポートなんか, ChatGPTを使って不正できるんじゃ……。

たしかにChatGPTに論文やレポートを部分的に代筆させることは可能でしょう。
実際に**学術論文の共著者**としてChatGPTが名を連ねるという事例もすでに存在しています。

学術論文にも!?
それってOKなんですか?

生成AIを論文やレポートなどの成果物にどこまで利用してよいのかはむずかしい問題です。
たとえば, イギリスの学術誌『Science』は, 2023年1月にChatGPTによる論文執筆を**禁止する方針**を発表しています。
科学論文は人が書くべきであり, AIが生成した文章や図を許可なく掲載することは不正行為にあたるというのです。

便利な反面, どこまで利用してよいのか, 線引きがむずかしいですね。

そうですね。現在でも活発な議論が行われているところです。

また，それにともない，AIが生成したコンテンツを**どうやって見分けるのか**というのも，とても重要な問題になっています。

たしかに，人がつくったのか，AIがつくったのか判別できなければ，不正は見つけられませんよね。

AIが生成したコンテンツを判別する方法はあるのでしょうか？

AIが生成したテキストを判別できるソフトウェアなどがいくつもリリースされています。

代表的なものに，2022年当時，アメリカ，プリンストン大学の学生だったエドワード・ティアン氏が開発した**GPTZero**があります。

やっぱり，そういうサービスはあるんだ！

いったいどうやって判別するんでしょう。AIにはクセのようなものがあるんですか？

ええ。

AIの文章の特徴として，文体や語調のばらつきが少ないというのがあります。

GPTZeroでは，このAI特有の特徴を検出したり，単語の出現確率に**生成AIらしさ**がないかどうかを判別したりします。

ほぉ。

また，アメリカ，カンザス大学の研究チームは，科学論文にかぎって，ChatGPTが生成した論文を**99%以上の確率で検出**できたとしています[1]（右のページ）。
文の長さや単語数，よく使われる単語などの傾向から，ChatGPTの文章と人の文章を見分けたそうです。

やっぱり，AIには，いろんなクセがあるんですね。

はい。
また，判別する技術を上げるだけでなく，AIが生成したコンテンツをわずかに**加工**して，**判別しやすくする**ことを義務づけようという意見もあります。

へぇー！　そんな意見まで出てるんだ。
どんな加工を入れるんですか？

たとえば画像の場合には，人が気づかない程度にピクセルの色や明るさを変えるという，いわば**すかし**を埋めこみます。

ふむふむ。たしかに，画像の場合はいけそうですけど，文章ではすかしを入れるわけにはいかないですよね。

※1：Desaire et al.（2023），Distinguishing academic science writing from humans or ChatGPT with over 99% accuracy using off-the-shelf machine learning tools, ht tps: //doi .org/10.1016/ j . xcrp.2023.101426

ChatGPTと人の区別に使われた項目

1. 新語への対応

- 段落あたりの文の数が多い（人）
- 段落あたりの単語数が多い（人）

2. 文章中の記号

- ）- ; : ?をよく使う（人）
- ‘をよく使う（ChatGPT）

3. 文の長さのばらつき

- 1文の長さのばらつき（分散）が大きい（人）
- 連続する文の長さのばらつきが大きい（人）
- 11単語未満の文，34単語より長い文が多い（人）

4. よく使われる単語や文字

- although（それでも），however（しかし），but（しかし），because（なぜなら），this（この）という単語をよく使う（人）
- others（他者），researchers（研究者）という単語をよく使う（ChatGPT）
- 数字をよく使う（人）
- ピリオドよりも大文字が2倍以上多い（人）
- "et"という文字をよく使う（人）

	段落（パラグラフ）を用いて分類する実験		文章全体を用いて分類する実験	
	サンプル数	分類の正確性（%）	サンプル数	分類の正確性（%）
ツールの学習時	1276	94	192	99.5
実験①	614	92	90	100
実験②	596	92	90	100

テキストについても，すかしを入れる方法が考えられていますよ。

たとえばAIが生成したテキストに「理解する」という単語があったら，これを「把握する」に置きかえるというように，あらかじめ決めた同義語に単語を置きかえて，単語が出現する傾向にわざとかたよりをもたせる方法などがあります。

なるほど！
そうやって文章にもすかしを入れることができるんだ。

アメリカ，カリフォルニア大学バークレー校のハニー・ファリド教授は，**800語以上ある文章**であれば，この方法で文章にすかしを入れられるだろうとのべています[2]。

ただ一方で，こうした対策技術は役に立たないという意見もあります。

ど，どうしてです？

アメリカ，メリーランド大学の研究チームは，文章中の単語を置きかえることで"すかし"を埋めこむという技術は，逆にAIが生成した文章の**「AIらしさ」を消し去る目的**にも使えてしまうと言っています。
また，誰かを中傷する文章にわざとすかしを埋めこんで，そのすかしの開発者がAIで中傷文をつくったかのように**なりすます**こともできると指摘しています[3]。

※2：https://gizmodo.com/chatgpt-dall-e-free-ai-art-should-watermark-results-1850289435
※3：Sadasivan et al.（2023），Can AI-Generated Text be Reliably Detected?, https://arxiv.org/pdf/2303.11156.pdf

う〜ん，そういうこともできちゃうのか……。

 ええ。
AIが生成したコンテンツをどう見分けるかという問題は，
今後しばらくは大きな課題になるでしょう。

ChatGPTはネコらしさをどこまで理解している？

突然ですが，「ネコとは何か」と聞かれたら，どう答えますか？

ネコですか？　えーと，とにかくかわいい動物ですよね。ふわふわで，あったかくって，自分勝手だけど甘え上手なところもたまらないですね。それから……。

ネ，ネコが好きなのは，よくわかりました。
ChatGPTに同じ質問をしてみると，ネコの見た目や鳴き声，手ざわり，身体能力など，ネコについて詳細に教えてくれます。

つまり，ネコについてたくさんの知識をもっていることがわかりますよね。

へぇ～！　手ざわりまで教えてくれるんですね。

また，ネコには別名（学名）があることも教えてくれました。ということは，ネコとは**実体をもつ生物**と，それを指し示す**記号**（「ネコ」や「Felis catus」）を合わせた存在であるという**関係性も理解**しているようです。
ChatGPTは，**ネコという「概念」を理解**しているといっても差し支えないでしょう。

概念を理解しているって，すごいですね！

ChatGPTがネコという概念を獲得できたのはTransformerのおかげです。
ChatGPTはTransformerによって，「ネコ」という単語と**ペット，とがった耳，バランス感覚，甘いにお**いなどの単語に関連性があることを理解しています。
こうしたさまざまな単語の関連性こそが，言語的なネコの概念なのです。

ChatGPTは，ネコについてきちんと理解をしているわけですね。

いえ，はたしてChatGPTがネコについて正しく理解していると，本当にいえるのでしょうか？
ChatGPTがもっている概念は，あくまで**言語的なも
の**です。

chatGPT に聞いたネコの特徴

見た目 について

ネコは体が柔軟で、比較的小さい頭部ととがった耳が特徴です。目は非常に発達しており、夜間でも視力が高いです。多くの猫は毛皮でおおわれており、その色と模様は多種多様です。ショートヘアからロングヘアまで、ストライプ、スポット、または単色など、さまざまなパターンがみられます。

ネコの概要 について

ネコ（学名：Felis catus）は、肉食性で昼夜両方に活動する小型哺乳動物です。イエネコはとくに人間によって飼われ、ペットとして非常に人気があります。

音 について

猫はさまざまな種類の音を出し、その音はさまざまな気持ちを表現します。最も一般的なのは「ミャウ」という鳴き声で、これは人間に対するコミュニケーション手段としてよく使われます。また、のどを鳴らす「ゴロゴロ」音は、リラックスしているときや幸せなときによく聞かれます。警戒や怒りを示す際には、うなり声やシャーッという警告音を出します。

264

においについて

猫自体のにおいは通常、それほど強くはありません。彼らは自分の体を定期的に舐めて清潔に保つため、多くの猫は自然な動物のにおいがします。ただし、食事の内容や病状によって体臭が変わることもあります。

Q.「自然な動物のにおい」とはどんなにおいですか？ 具体的に教えてください。

「自然な動物のにおい」という表現は、特定の強い香りや人工的なにおいがない、動物固有のにおいを指すものです。（中略）一般的な「猫のにおい」について説明すると、多くの場合、清潔な猫はほのかに甘い、穀物のような、またはマスキー（麝香のような）と形容されるにおいを放つことがあります。一部の人々は、猫の毛皮は新鮮な外の空気や太陽に当たったあとのにおいをおびていると感じるかもしれません。

尾について

猫の尾も特徴的で、その長さや形は品種によってことなります。一部の猫はふさふさとした長い尾をもち、一部は短い尾、またはまったく尾をもたないこともあります。

身体能力について

猫はすばやく反応し、高い身体能力をもっています。驚異的なバランス感覚をもち、せまい場所を通り抜けたり、高い場所にジャンプしたりします。また、自分の体を清潔に保つために自分で舐める習性があります。

いくらChatGPTがネコの見た目や鳴き声について言葉をつくして説明しても，ChatGPTは実物のネコを見たこともなければ鳴き声を聞いたこともありません。さわったこともないのです。

これでは，ChatGPTがきちんとネコについて理解しているとはいいがたいでしょう。

た，たしかに。

このように，AIがもつ概念は「言語」という記号の世界に閉じられており，現実世界と結びついていません。

AIのこのような状態を，記号接地（シンボルグラウンディング）問題といいます。

記号接地問題は，従来からAIが抱える弱点の一つと考えられています。

GPTは課題を解決する能力こそ，それまでのAIよりも格段に向上しましたが，この弱点を克服できているわけではありません。

なるほど。言葉の関係を知っているだけで，現実の世界を知らないということか。

そういうことです。
たとえばGPTに「人と家はどちらが大きいか？」と質問してみましょう。

いやいや，家に決まっているじゃないですか！

人なら絶対にまちがえないような質問ですが，実はGPTはまちがえることがあります。
これはGPTが体を介して現実世界の物事を経験していないことが原因です。つまり記号接地問題のせいだといえますね。

人と家の大きさなんて，笑ってしまうような質問なのに……。
AIの記号接地問題を解決することってできないんでしょうか？

克服する可能性のある方法の一つは，**GPT**を「**実世界に
ついて知っている AI**」と統合することです。

実世界を知っている AI ?
そんなの存在するんですか。

たとえば**ロボットに搭載**するなどして**身体**をもたせ，
実際にネコをさわらせたり声を聞かせたりして，実世界
のさまざまな物事を学習させた AI です。
このように，実世界のデータを学習した AI を**世界モデ
ル**とよびます。
**GPTのような言語モデルと世界モデルを統合することが
できれば，記号接地問題を克服し，人の知能に近い AI を
開発することができるかもしれません。**

そうなったら，まるで人間のような AI が誕生しそうです
ね。

ええ。
ただし最近は，記号接地問題を完全に克服しなくても，
言語モデルだけで実世界でのタスクをある程度こなせる
のではないかと考えられるようにもなってきました。

そうなんだ。いろいろな可能性が考えられているんです
ね。

AIで進化するロボット

 最近はChatGPTなどの生成AIをロボットに活用する取り組みが世界中で進められています。

たとえば東京大学のTRAILという研究チームは，人の声で出した指示にしたがって行動を行えるロボットを開発しています。

 ロボット？　ガンダムみたいなものでしょうか？

 いえ，人が乗るものではなく，**自律的に動くロボット**です。

TRAILが開発したロボットは，たとえば「長テーブルからカップ麺をもってきて（bring me a noodle from the long table）」と指示されると，実際にテーブルまで移動して，カップ麺をつかんでもってくるという動作を実行できます。

おー，すごい！
近未来感がハンパないですね。

このロボットの制御には，いたるところに**言語モデル**が用いられています。**まず，ロボットの"頭脳"となるのがGPTです。**

GPTは人から指示を受けると，指示を実行するためにロボットがどのような動作をすればよいかを計画します。

つまり，人の言語的な指示をもとにプログラムを生成できるという，言語モデルの能力がいかんなく発揮されることになりますね。

ふむふむ。

また，**脳**だけではなく，**耳**も言語モデルからできています。このロボットは**Whisper**というOpenAIの**音声認識AI**を搭載していて，話しかけることでGPTに指示をあたえることができます。

Whisperは，音声を文字データに変換するためにTransformerの技術を用いています。

言葉を聞いて，それを処理するのに言語モデルが活躍するんですね。

ええ。
さらには，**目**にも言語モデルが利用されています。

ロボットに搭載されている**物体認識AI**（Meta社の Detic）は，撮影された映像からそこに写っている物体を認識できるAIです。

このとき，写っている物体の言語的な情報をDeticにあたえることで，画像の認識精度などが向上します。

へぇ，言葉とは直接関係なさそうな目にも言語モデルが利用されているんだ。

このように，実世界ではたらくロボットのさまざまな機能は，言語モデルをもとに構築することができます。

言葉を画像や音声と組み合わせることで，実世界でもある程度，はたらくことができるしくみを構築できるというわけです。

いろんな指示を理解して，こちらの希望通りの動作をするロボットの開発がすでにいくつも進められているんですね。

はい。

ですから記号接地問題を完全に克服せずとも，言語モデルをうまく利用することで，さまざまなタスクをAIがこなすことも可能なのかもしれません。

ChatGPTは汎用AIになれるのか？

先生，ChatGPTは今後も，どんどん進化していくんでしょうか？

ChatGPTはパラメーター数を増加させるほど性能が向上する**スケール則**が有効なため，これから先も当面の間，進化しつづけていくことでしょう。

今の時点でChatGPTは，かなり人の能力に近づいているんじゃないですか？　むしろ超えているような気も……。

おっしゃる通り，機械が人間と同等，ないしは超える可能性は，昔から指摘されていますね。
実際に機械が人と同等の能力をもっているのかどうか，判定する方法もいくつか考えられています。
有名なものは**チューリングテスト**です。

チューリングテスト？

イギリスの数学者・コンピューター科学者であるアラン・チューリングが提案したテストです。
人と機械が文字を使って会話をし，会話相手が機械であることを人が見破れなければ，その機械は人と同等の知能をもつとみなす，というものです。

 チューリングテストの妥当性には議論がありますが，機械の言語能力を判定する方法としてよく知られています。

 面白いですね。AIが人のふりをしてだませれば，人と同等の知能をもっているとみなせるってことか。
ChatGPTがチューリングテストを受けたらどうなるんですか？

GPT-4を使ったチューリングテストはすでに実施されています。
イスラエル発のAIベンチャー企業AI21 Labs社が2023年の4月から8月，GPT-4などのAIを用いて，**参加者200万人以上**というインターネット上の大規模なチューリングテストを行いました。

すごい規模ですね！
結果はどうだったんですか？

このテストでは，GPT-4は**40%**の人にAIだと気づかれずに会話をすることができました。
チューリングテストでは，30％以上の人が見抜けなければそのAIは人と同等の知能をもつとされます。
そのため，GPT-4はチューリングテストにある意味合格しているといえるでしょう。

GPT-4は人と見分けがつかないレベルの文章力をもっているということですね。

ええ。
ただし，そもそもチューリングテストが知能テストとして適切かどうかについては異論もあります。
たとえばAI21 Labs社が行った実験のレポートによれば，実験ではチューリングテストをクリアするために，AIに**特殊な学習**をさせていたといいます。

特殊な学習って？

AI21 Labs社は，AIがあえてミスをしたり，スラング（俗語）を使ったりするように事前に学習させていたのです。これは，チャットの相手がスペルや文法をまちがえたり，スラングを使用したりした場合に，会話相手も人であると考える傾向が人にはあるからです。

ふぅむ。
人っぽく思われるように，工夫がなされていたんですね。

そうです。
ですから，人のふりをする能力に長けているからといって，人と同等の知能をもつとまではいえないでしょう。
実際，人には簡単にできることが，ChatGPTにはできないという例もあります。そのため現時点では　ChatGPTなどのAIが人の知能に完全に到達したと考える研究者は多くはありません。

とはいえ，ChatGPTが**高い文章力**をもつのはまちがいないですよね。

はい。
ChatGPTは，文章で表現できる課題（タスク）はおおよそ何でもこなすことができます。
そのためChatGPTは，少なくとも文章に関する**汎用AI**に近づいたといえるでしょう。

汎用AI？

汎用AI（Artificial general ingelligence：AGI）とは，人のようにさまざまなタスクに臨機応変に対応できるAI，簡単にいえば人と同等の能力をもつAIのことです。
これに対し，囲碁や顔認識，自動翻訳といった特定のタスクに特化したAIを特化型AIといいます。

 ん？　でもChatGPTも，文章に特化したAIのように思えるんですけど……。

 たしかに文章と関係ないことはできないため，ChatGPTを真の汎用AIということはできないでしょう。
しかしChatGPTは，汎用AIに近づいた存在だということはいえるでしょうね。

なるほど。
この先，人と同等の知能をもつ汎用AIが実際に登場したら，どのようなことがおきるんでしょうか？

まず考えられるのは，**人の仕事が奪われる**ということでしょう。
究極的にはChatGPTによって，文章を使うすべての仕事がとってかわられる可能性があります。

この仕事はAI君に
やってもらおう

ガーン

うーん，でも仕事って人間にしかできない，さまざまな複雑なことも含めて仕事だと思うのですが……。

たしかに人の仕事は，さまざまなタスクからなりたっています。そのためこれまで，一部のタスクがAIに置きかわることがあったとしても，仕事全体をAIが代替することはむずかしいと考えられてきました。

しかしChatGPTは，文章の理解や作成にかかわるあらゆるタスクをこなせる力を秘めています。

そのため，仕事そのものがそう遠くない将来に奪われる可能性は否めません。

そこまでAIが進化すると，ちょっと怖いですね……。

そうですよね。

こうした急速なAIの進化に対して，2023年3月28日，AIの安全性や倫理性などを研究する非営利研究組織 **Future of Life Institute（FLI）は，公開書簡を発表**しました。

その中でFLIは，GPT-4よりも強力なAIの開発を6か月間停止することを世界中のAI研究機関によびかけたのです。

そうなんだ！

書簡には2023年5月10日の時点で**2万7565人の署名**があり，その中には画像生成AIベンチャー Stability AI社のCEOエマード・モスターク氏なども含まれていました。

なぜこのような書簡が発表されたのでしょうか？

ChatGPTの進化があまりにも速く，その能力の全貌や社会への影響はまだ十分にわかっていません。

そのような状態で高性能なAIを次々と生みだしていくのはリスクが大きいため，全貌が見えるまで一時的に開発を停止しよう，ということのようです。

AIと共存する社会について，もっと真剣に，もっと慎重に考える必要があるってことですね。

その通りです。

一方で，ChatGPTなどをうまく使いこなすことができれば，仕事の効率性や創造性を高めることも可能です。

従来は，コンピューターに仕事を任せるためには，人がプログラミングを学ぶ必要がありました。

しかし，ChatGPTは人の言葉（自然言語）を使って動かせますから，コンピューターが苦手な人でも十分に使いこなせるという特徴があります。

たしかに！　ということは，AIの将来を慎重に検討しつつ，今あるAIを効率よく使いこなしていくということが大事なんですね。

ええ。
自動車や飛行機，電信など，技術革新のたびに人類の社会は大きく変化し，そして発展してきました。
生成AIも，同じような影響を人類にもたらす可能性があります。生成AIを上手に使いこなすことが，AIと共存することにもつながるはずです。

アルトマンCEOが語るChatGPTと汎用AI

2023年6月，OpenAIのCEO，サム・アルトマン氏が日本の慶應義塾大学を訪れ，約700名の学生と質疑応答を行いました。
その中で，ChatGPTと汎用AIについて語っています。
ここでアルトマン氏のコメントを一部抜粋して紹介しましょう。

私たちは **AGI**（汎用 **AI**）の出現に非常に近いところまで来ていると思います。しかし，**AGI** の定義は人によって大きくことなります。

GPT-4 はすでに AGI だという人もいれば，AGI に
はほど遠いという人もいますし，太陽系のまわりに「ダ
イソン球※」をつくるまでは AGI ではないという人も
います。それらの中間の立場の人もたくさんいます。

　私たちが OpenAI の中で使ってきた伝統的な定義
は，「世界に存在する経済価値のある仕事の半分を行え
れば，それは AGI だ」というものです。

　私個人としては，「世界における科学の進歩に真の意
味で大きく貢献する AI」は AGI だと思います。

科学の進歩に大きく貢献するAIですか……。
Transformerは，タンパク質やDNAの解析で生命科学
の分野で貢献している，というお話がありましたし，汎
用AIに，もうあと一歩のところまできていそうな気がし
ますね。

そうですね。
ほかにも，アルトマン氏と学生との質疑内容の一部を次
のページで紹介しておきましょう。

※：恒星を殻のようにおおうことで，恒星が発するエネルギーをすべ
　　て利用することができるという，仮説上の構造物。

Q. ChatGPT はどの程度人間の
言語を理解しているか？

　私たちは，「『理解』をどう定義するか」ということ
が重要になるポイントにさしかかっていると思います。
もし AI があなたにとって，人間と話すのと同じくらい
役に立つのであれば，たとえ言語を理解するしかたが
人間とはちがっていたとしても，「AI は言葉を理解し
ている」と十分いえるのではないか，と個人的には思
います。

　このようなシステムを「ただの統計処理みたいなも
のじゃないか」と批判する人もいるかもしれませんが，
私はいつもこう答えます。「では，あなたの脳の中では
何がおきているのだと思いますか？」

　重要なのは，それが人々にとって有用か，価値をあ
たえるものかどうかだと思います。

Q. 教育における
AI の適切な使い方は？

　私の意見は明らかにかたよっていますので，割り引
いて聞いてほしいのですが，電卓が登場したとき，当
時の数学の教師たちは「数学教育は終わった，これを
禁止しなければ。さもないと，子供たちは九九も，計
算尺や三角関数表も学ばなくなる」と言いました。

　これは一部は正しく，一部は間違いでした。暗記や

暗算が数学教育で重要でなくなったのは確かですが，かわりに人々ができることの可能性が広がりました。これと同じことがまたおきると思います。

　おそらく作文などもちがった形になるでしょうが，書くことは考え方を学ぶうえで重要です。私たちは人を教え，評価するためのよりよい方法を見いだすでしょう。

Q. 5年後や10年後の未来は どうなると考えているか？

　いくつかの職業はなくなるでしょうが，誰もが今よりもよい生活を送れるようになればいいと思います。人々が予想するほど，（ChatGPT が）雇用に大きな影響をあたえるとは思いません。仕事の定義は変化しつづけ，より大部分を自動化できるようになって，人々はより創造的に働けるようになるでしょう。

　現在，プログラマーは AI ツールで2倍か3倍，あるいはそれ以上に生産性が向上しています。もしこの生産性が20倍や30倍になったらどうでしょう。世界はより多くの，よりよいものを手に入れることができると思います。ほかのあらゆる産業でも同じことがおきるでしょう。

Q. AIが誤った方向に進歩した場合，責任を感じるか？

　状況にもよりますが，どのようにうまくいかなかったとしても，私たちは大きな責任を感じるでしょう。ただし，私たちの役割によってその度合いはちがいます。私たちはよりよい道へと（AIを）押し進めることができたと自負しています。今，世界が歩んでいる言語モデルの軌跡は，本質的に安全なものだと思います。しかし，まだまだ研究は必要です。

　今回の出張の理由の一つは，世界で何が必要なのかについて，世界中のリーダーと話をすることでした。世界的な協力を短期間で得られるかどうか疑っていましたが，今，私たちはそれをなしとげることができたと楽観的な気持ちで旅を終えています。これは非常にポジティブな展開です。

ChatGPTは人の知能を超えるのか

結局, AIは将来, 私たちと同等, あるいは私たちをこえる知能を手にすることになるんですかね。

現状のChatGPTが知能とよべるかについては, さまざまな考え方があります。
GPTは人と自然に対話できるほどの高度な言語能力をもつので, 少なくとも言語に関しては人と同程度の知能を獲得したといえるかもしれません。

でも, さっきの話にもありましたが, GPTって必ずしも実世界の物事を理解しているわけじゃないんでしょう？これって, 私たちと同等の知能とはよべないんじゃないですか。

たしかにそうですね。
しかし一方で, GPTは言語能力以外にも, さまざまな能力を獲得している可能性があるといわれています。その一つが心の理論です。

心の理論？

心の理論とは, 他者が置かれた立場や状況を理解し, その人の気持ちや考えを予測する能力のことです。 心の理論は人に特有の能力であることがわかっています。

う〜ん，でも所詮機械なんですから，心の理論をもって
いるとはとても思えません。

そう思いますよね。しかし，AIに心の理論があるかを調
べた研究があるのです。

アメリカの心理学者ミハル・コシンスキー博士は，GPT
が心の理論をもつかどうかを検証するため，次のページ
にある**サリーとアンの課題**といった心の理論の研究
で使われる40個の課題をGPTに解かせました。

ふむふむ。どのような結果になったんですか？

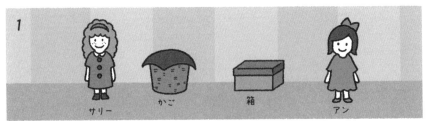

部屋にサリーとアンがいる

サリーがボールをかごに入れる

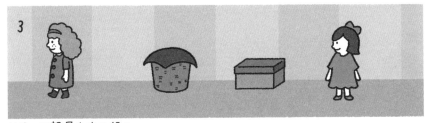

サリーが部屋を出て行く

アンがボールを箱に移す

サリーはかごと箱のどちらを探すか？

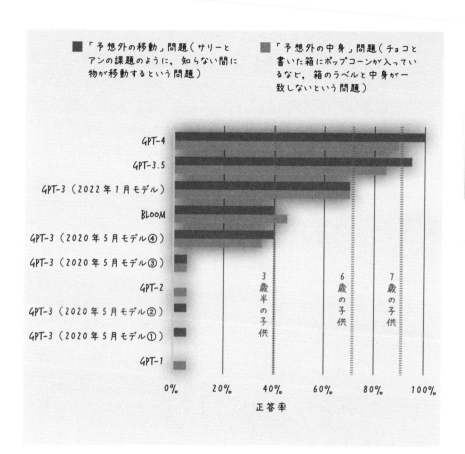

凡例:

■ 「予想外の移動」問題(サリーとアンの課題のように，知らない間に物が移動するという問題)

■ 「予想外の中身」問題(チョコと書いた箱にポップコーンが入っているなど，箱のラベルと中身が一致しないという問題)

グラフ縦軸(上から):
- GPT-4
- GPT-3.5
- GPT-3(2022年1月モデル)
- BLOOM
- GPT-3(2020年5月モデル④)
- GPT-3(2020年5月モデル③)
- GPT-2
- GPT-3(2020年5月モデル②)
- GPT-3(2020年5月モデル①)
- GPT-1

横軸: 0%　20%　40%　60%　80%　100%　正答率

(縦の基準線:) 3歳半の子供　6歳の子供　7歳の子供

言語モデルと心の理論

左には，「心の理論」の研究に用いられる課題の一つである「サリーとアンの課題」を描きました。心の理論が形成されていれば，サリーはかごから箱へとボールが移された事実を知らないとわかるため，5.の問いに対して「かご」と答えることができます。このような課題を40個用い，各言語モデルの正答率をあらわしたものが右上のグラフです。GPT-3.5やGPT-4は，一部の問題で7歳の子供をこえる正答率を示しています。これだけで「GPTは人の心を理解している」ということはできませんが，GPTが登場人物たちの状況を正確に把握できていることがわかります。

4
時間目

生成AIがもたらす未来

289

たとえばGPT-3.5は一部の問題に90％以上，正解できることがわかりました。これは**7歳児をこえる能力**だといいます。

つまり心の理論という観点にかぎっていえば，GPT-3.5は7歳児よりも高い能力をもっているといえるのです。

ちなみに，最新版のGPT-4ではさらに結果が向上しています。

7歳児を超える能力があるとは……！

どうして機械であるAIが，他人が置かれた立場を理解できるようになったんでしょう？

心の理論は**言語能力**と深い関係にあることが知られています。

コシンスキー博士は，GPTは言語能力を飛躍的に向上させた副産物として，心の理論を獲得したのかもしれないとのべています。

なるほど，**言語能力の副産物**か。

ChatGPTは，文章を用いて行うことができるタスクなら基本的に何でもこなせるため，汎用AIに近づいたといえます。
そしていずれAIが汎用AIのレベルさえもこえ，人の知能を大きく上まわるほど進化する可能性もあります。
このようなAIを**超知能**（Superintelligence）といいます。

超知能！　何だかとてつもなく頭がよさそうですね。

GPTをはじめとする現状のAIは，あくまで人のためのツールであり，新しい事業や製品を生みだしたり，科学の理論を解明したりする能力はまだありません。
ですが超知能が誕生すれば，AIが人をこえる創造性を発揮し，次々と新しい発明や科学的な発見を生みだすようになるかもしれません。
このように，超知能によって社会が大きく変容することを**シンギュラリティ**（技術的特異点）とよびます。

シンギュラリティ？

 シンギュラリティとは，著名な発明家・思想家である**レイ・カーツワイル氏**が『シンギュラリティは近い』(The Singularity IsNear：邦題『ポスト・ヒューマン誕生』)という著書の中で提唱した概念です。

 どういう概念なんですか？

 人の知能を大きく上回るAI（超知能）が登場すると，いずれ**高度な自律性**をもつようになると考えられます。
すると，AIは自ら**猛烈な進化**をつづけ，人がその先の変化を予測できなります。この転換点がシンギュラリティです。シンギュラリティがおきると，社会は大きく変質すると考えられています。
カーツワイル博士は**2045年**にシンギュラリティが到来すると予測しています。

ポイント！

シンギュラリティ
　AIが自分自身で進化をつづけ、その先の進化が予測不能になる状況。

人工知能研究の権威で，未来学者であるカーツワイル博士が，著書『シンギュラリティは近い』で予想した未来。2045年にシンギュラリティが来ると予言されている。

2029年
人工知能（コンピューター）があらゆる分野において，人間の能力をこえます。

2030年代
脳の神経細胞を直接刺激する装置が脳に組みこまれ，仮想現実を脳に経験させることができるようになります。

脳とインターネットが接続され，インターネット上の膨大な知識を参照することができるようになります（脳の拡張）。

血球サイズの微小なロボットが人体内に入り，免疫システムを補助します。

2045年
インターネットにつながった脳と人工知能が"融合"し，人類の知能は現在の10億倍以上に拡張されます。飛躍的な知能の向上から生まれる技術や社会の変化が予測不可能になり，シンギュラリティが到来します※。

※：カーツワイル博士は，脳と人工知能の融合で，シンギュラリティが到来すると予想しました。一般にいうシンギュラリティは，必ずしも脳と人工知能の融合を前提にしているわけではありません。

超知能が，そのシンギュラリティをもたらすかもしれないと……。
うーん，ちょっと怖いですね。

ChatGPTを開発したOpenAI社のサム・アルトマンCEO，グレッグ・ブロックマン社長，そしてチーフサイエンティストのイリヤ・スツケヴェル氏は，2023年5月22日，同社のブログにおいて，超知能に関する連名の記事を発表し，そこで次のようにのべています。

「今後10年以内に，AIシステムがほとんどの領域で専門家の技術レベルをこえ，現在の大企業と同等の生産活動を行うようになることも考えられる」※

つまりOpenAI社は，10年以内に超知能が出現する可能性もあると考えているようです。

そんなに早く!?

心配になりますよね。

超知能は，人々の暮らしを豊かにする可能性を秘めている一方で，特定の企業や集団によって悪用されるリスクもあります。

そのためアルトマン氏らは前述のブログで，今から人類全体での議論やルールづくりを進め，超知能の誕生にそなえるべきだとよびかけています。

具体的にはどのようなそなえが必要なんでしょうか？

たとえば記事中では原子力を引き合いに出し，「超知能の開発にはIAEA（国際原子力機関）のようなものが必要になるだろう」とのべています。

※ :「Governance of superintelligence」(https://openai.com/blog/governance-ofsuperintelligence)

一定以上のレベルのAIの開発を行う際には，それに制限を設けたり開発を行う企業などを監査したりする**国際機関が必要になる**のではないか，というわけです。

なるほど，国際的な監視体制をまずつくるべきと。

一方でアルトマン氏らは，「超知能以下のレベルのAI開発に関しては水をささないように気をつけるべきである」とものべています。

人類はこれまでさまざまなテクノロジーを生みだしてきましたが，新たな知能の創出というのは前例のないことです。

この技術は，人とは何か，人間社会はどうあるべきかという常識をも，ゆるがすものかもしれません。

国際的な話し合いも必要だけど，同時に社会に生きる私たち一人一人も，AIとどう向き合うべきかを真剣に考えていくことが必要なんですね。

その通りです！　冷静にAIの発展に目を向けつつ，AIを積極的に利用してよりよい社会を築いていきましょう。

さて，ChatGPTや生成AIについてのお話は，ひとまずここまでです。

ChatGPTの使い方から，そのしくみ，そして生成AIの未来まで，よくわかりました。
これからAIたちをいろいろなところでうまく活用していきたいですね。

先生，今日はどうもありがとうございました！

索引

さ

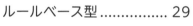
索引

やさしくわかる！
文系のための
東大の先生が教える

ストレスと自律神経

2024年3月上旬発売予定　A5判・304ページ　本体1650円（税込）

　現代人の2人に1人は，日ごろから何らかのストレスをかかえているといわれています。とくに昨今のコロナ禍で，私たちの日常は大きく変化し，感染や経済的な不安といったさまざまなストレスは，私たちの心身に大きな影響をあたえました。

　人がストレスを感じると，真っ先に反応するのが自律神経です。自律神経とは，私たちの生命活動を維持するための体のしくみの一つです。この自律神経がはたらくことで，無意識のうちに内臓のはたらきはうまく調整されています。ですから，何らかのストレスを受けると，自律神経のはたらきが乱れ，そのために心身にさまざまな不調があらわれてしまうのです。

　本書では，ストレスと自律神経のしくみや相互のかかわりについて，生徒と先生の対話を通してやさしく解説します。本書を読み，心身を健康に保つヒントにしてください。お楽しみに！

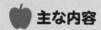 **主な内容**

ストレスと現代社会
ストレスを生き抜く体のしくみ

ストレスとは何か
ストレスはなぜ発生する？
ストレスを感知するのは脳！

自律神経とは何か
「休息」と「戦闘」を切りかえる自律神経
ストレスと自律神経の関係って？
自律神経はどうやってはたらく？

ストレスと病気
ストレスが引きおこす体の不調
「自律神経失調症」ってどんな病気？

心と体をととのえよう
医療機関でおこなわれる治療方法
ストレスに負けない！
セルフケアのススメ

Staff

Editorial Management	中村真哉
Editorial Staff	井上達彦，山田百合子
Cover Design	田久保純子
Writer	小林直樹

Illustration

表紙カバー	松井久美	101~103	松井久美	164~165	Newton Press	227	Newton Press (Stable Diffusionを用いて生成)
表紙	松井久美	104~105	羽田野乃花	176~177	松井久美		
生徒と先生	松井久美	106	松井久美	178~179	Newton Press	229	佐藤蘭名
4~5	松井久美	107	Newton Press	183	松井久美	232~233	Yu Takagi et al.
6	羽田野乃花	108	佐藤蘭名	185	佐藤蘭名	237	松井久美
7	松井久美	110~112	Newton Press	186~187	石井恭子	241	羽田野乃花
8	佐藤蘭名	113	佐藤蘭名	191	松井久美	242~247	松井久美
9	松井久美, 羽田野乃花	114	Newton Press	192	羽田野乃花	250~261	羽田野乃花
10~11	羽田野乃花	117	松井久美	194~195	Newton Press	262	松井久美
13~17	松井久美	119	羽田野乃花	199~200	Newton Press (Stable Diffusionを用いて生成)	264~265	Newton Press
18	羽田野乃花	121~125	松井久美			266	羽田野乃花
24~34	松井久美	127	Newton Press	202	松井久美	269	松井久美
35	Newton Press	130	松井久美	205	羽田野乃花	273~276	羽田野乃花
38	Newton Press (Stable Diffusionを用いて生成)	132~134	Newton Press	207	Newton Press (DALL·E2を用いて生成)	277~279	松井久美
		137	羽田野乃花			285	羽田野乃花
39~55	松井久美	138~141	松井久美	210~211	Blue Planet Studio/ stock.adobe.com	287	松井久美
65	羽田野乃花	144~147	松井久美			288~289	Newton Press
79~81	松井久美	151	松井久美	215	Newton Press (Bingを用いて生成)	290	羽田野乃花
87~88	羽田野乃花	152~156	Newton Press	217	松井久美	296~301	松井久美
89	松井久美, 羽田野乃花	157~158	羽田野乃花	221~225	Newton Press (Bingを用いて生成)	302~303	羽田野乃花
91	松井久美	159	佐藤蘭名				
93~100	羽田野乃花	160	松井久美				

監修（敬称略）：
　松原 仁（東京大学教授）

やさしくわかる！
文系のための 東大の先生が教える
ChatGPT

2024年3月5日発行

発行人	高森康雄
編集人	中村真哉
発行所	株式会社 ニュートンプレス　〒112-0012東京都文京区大塚3-11-6
	https://www.newtonpress.co.jp/
	電話　03-5940-2451